U0233828

本书系国家社科基金重大项目“中国核心术语国际影响力研究”(21&ZD158)的阶段性成果。

智能包装广告

Intelligent Packaging Advertising

曾静平 张邦卫 陈维龙 王丽萍◎著

人民出版社

目　录

前　言

中国的5G技术在全世界率先全面商用，开启了“5G+人工智能+大数据+云计算+区块链”叠加的全新生产方式、全新生活方式和全新商业模式。随着5G时代的到来，现代包装正大步迈向智能包装，包装广告正在向智能包装广告跃进，一个化茧成蝶的新一代包装时代、新一代广告时代正应运而生，一个凤凰涅槃的新一代包装广告时代正应运而生。中国特色的5G时代智能包装广告理论研究和实践论证，占据着世界包装行业、世界广告行业、世界传播行业的制高点。

智能包装或称智慧包装，即以人工智能思想融入现代包装，以人工智能技术武装现代包装，将人工智能精髓渗透到包装材料、包装机械、包装工艺、包装创意、包装设计、包装循环、包装回收、包装艺术、包装传播、包装广告、包装文化等环环相扣的产业链的各个环节。智能包装能够集中全人类最强包装大脑资源，最大限度发挥现代包装潜质，最大限度发挥现代包装效能效益，是当前世界包装工业发展的潮流趋势，是现代包装行业当下和未来推陈出新的重要手段、主要产品形式和利润增长点。在5G技术背景下，“无智能不包装”“无包装不广告”正成为包装常态、广告常态，5G时代的智能包装广告成为现代包装、现代广告的新热点、新亮点。

近年来，中国大陆在包装广告领域的研究陆续推进，一些研究机构、研究基地在全国各地建立起来，撰写了诸如《中国包装广告行业商业模式专项分析与企业投资环境研究报告》《中国包装广告投资前景研究目录》《2018—2024年中国包装广告行业现状分析及赢利性研究预测报告》和《2019—2025版包装广告行业兼并重组机会研究及决策咨询报告》等有一定影响力的行业研究报告，卖出了30000元人民币（中文版）到12500美元（英文版）的高价，中国包装广告的热度可见一斑。与此同时，包括硕士研究生、博士研究生在内的有关学者发表了一批包装广告研究论文，《多模态文体学视域下包装广告的对比研究》《现代包装的广告性研究》《基于PS设计的平面包装广告类型研究》《包装物广告新旧法衔接问题探析》《包装广告的法律监管现状及对策研究》《现代包装的广告性研究——包装的主动促销力》《关于矿泉水瓶包装与广告效应的调查研究》《吸引人的包装广告语》等，从模态、广告性、法律监管、促销、广告效应和广告语词等方面诠释了包装广告的研究进程。

研究认为，狭义的包装指的是人类为了保护产品的完整性或利于产品分辨的差异性，降低运输途中的消耗，降低错拿、错放、错运、错存等隐患，便于保密、中转、运送、储存、销售与携带，有意识地采用木材、竹本、野生蘑类、天然纤维等原生态材料和金属、塑料、玻璃、陶瓷、纸张、化学纤维、复合材料等合成材料对产品分门别类进行捆扎包裹。广义的包装则是在上述实用基础上的精神升华和范畴拓展，指的是人类为了美化与提升目标对象（包括国家城市、公司企业、产品商品、楼宇建筑、风景名胜、科技创新、传播媒体、生活服务、影视作品以及人物事件等）品牌形象，提高社会公众形象和地位，获取最佳最优商业价值及利润，通过精心组织策划而进行的系列外部装扮和系列宣传活动。

包装是人类进化过程中聪明才智的结晶，是人类文明发展史上的重要标志。自从远古人类因地制宜、因时制宜应用各种材料，对食物、水、私人器物及各种生活必需品进行捆扎包裹开始，“包装”与“广告”就如同人和影子时刻相伴相随。包装即广告，广告也是包装，在很多时候甚至分不清楚包装与广告谁的内涵和外延更大更广博，包装广告的概念应时应运而生。

一般认为，包装广告简单地说就是印刷印制在产品（商品）等特定包装对象物上的形象宣传和产品服务推广，包括印制在包装纸正反面、包装盒上下面的公司企业名称、公司地址、联系电话及负责人等宣传内容，有时候也涉及商厦（城市地标建筑）等的外墙广告、灯饰广告。这类包装广告无须市场调查，只要决策层拍拍脑袋即可上马，广告流程直接顺畅，广告内容简单明了，广告效果经济实惠。

我们认为，包装广告是指产品（商品、服务等各种社会资源）等特定包装对象“随身携带”的形象宣传与产品服务推广，既是传统包装理论在概念内涵外延等的有机延展和深化升级，是包装事业、包装产业和广告事业、广告产业的转型换代，也是技术进步、艺术进步、广告营销手段进步的现实实践，是社会发展文明进化的必由之路。

随着 5G 时代的到来，“大数据 + 人工智能技术 + 物联网技术 + 云计算技术”等叠生、叠合、叠荣技术在包装行业的广泛应用，包装广告的适用范围得以巨量容展，不仅表现在外部装饰“洗心革面”信手拈来，也表现在内部芯片二维码等的全面“IOT”，表现在单一物件的包装广告开始“串联”“并联”为“大包装广告”。在人工智能技术引领下，包装广告的创意青春灵动，包装广告的形式缤纷跳跃，包装广告的内容绚烂多姿，包装广告酝酿着全方位脱胎换骨，智能包装广告正在向我们展示出无限的光辉前景。5G 时代的智能包装广告，既是原始包装广告、传统包装广告、现代包装广告的承载前行，是新一代高精技术、高精思维、高精创意、高精文化、高精艺术、高精传播在包装行业广告行业的逐批次释放，是智能包装广告材料、智能包装广告机械、智能包装广告工艺、智能包装广告创意、智能包装广告设计、智能包装广告反馈、智能包装广告艺术、智能包装广告传播、智能包装广告文化、智能包装广告管理、智能包装广告产业、智能包装广告伦理等多学科交叉融合的产物，反映着时代前行的包装广告新气象，具有强大的生命力和强劲的后发优势。

2017 年 10 月，按照国家工商总局文件《工商总局关于在湖南工业大学建立全国包装广告研究基地的批复》（工商广字 [2017] 185 号）精神，湖南工业大学利用学校在包装、广告与设计创意等方面的科研、教学人才优势，以及在服务区域经济社会发展过程中取得的经验和成果，成立了中国第一个“全国包装广告研究基地”。

全国包装广告研究基地以包装和广告产业发展“十三五”规划为指导，以促进产业创新发展为本，立足本地，辐射全国，在包装、广告研究方面作出“国内知名、特色突出”的科研工作。

湖南工业大学全国包装广告研究基地建设的任务，是主动适应国家实施创新驱动发展战略，深入实施科教兴国战略和人才强国战略，通过科研创新服务包装、广告产业的转型升级。通过国家工商总局（现国家市场监督管理总局）等主管单位、湖南工业大学作为承办单位以及指导协作单位的通力合作，整合科研力量，深入展开对包装材料、包装工艺、设计创意理论、中外广告史、广告理论、广告实务、公共关系学、广告经营与管理、广告法规与伦理等方面的创新研究，建成中国包装大数据知识图谱、创意广告资源数据库，培养卓越广告人才，与园区和企业开展产学研合作，使基地成为创新、创意研究的基地、产学研合作的基地、创业的孵化器，引领全国包装、广告产业创新发展。

全国包装广告研究基地的建设与湖南工业大学“绿色包装与安全”博士人才培养项目相辅相成，主要工作围绕包装材料与工艺、设计与广告科研工作展开，以广告学、材料学、设计学、传播学、文化学等五个学科为主要支撑，按照“材料是基础，创意是灵魂，设计是媒介，传播是活力，文化是根脉”的思路，将湖南工业大学全国包装广告研究基地定位为包装广告的研究基地、创作基地、教学基地、传播基地和文化基地。

2019 年 7 月，中国包装联合会、中国包装总公司、湖南工业大学和上海复星集团联合创建中国包装产业链资源聚集谷（简称中国包谷）协议在上海签订，标志着集萃了中国智能包装材料、智能包装机械、智能包装工艺、智能包装广告、智能包装传播、智能包装文化、智能包装产业等行业产业巨型航母在湖湘大地、上海复星集团横空出世。创建中国包装产业链资源聚集谷，瞄准中国包装总产值 5 万亿元以上的饕餮大餐，放大长株潭包装总产值超过 2000 亿元的“就地取材”，直接对接复星集团超过 100 亿元的内部包装需求，项目总投资 100 亿元，由湖南省株洲市人民政府、湖南工业大学与复星集团联合组建公司运营，株洲市人民政府在人才保障、政府配套、相关政策等提供有力支持，上海复星集团负责资金、市场开拓、管理以及企业运营，湖南工业大学负责人才、品牌、技术、传播、文化、广告等包装资源开发与利用。中国包装产业链资源聚集谷下设包装技术创新研究中心、包装检测测试中心、科研成果产业孵化中心、包装产业链互联网大数据中心、包装智库中心、包装产业制造基地等国内最优、最全、最立体的包装研究与开发平台，定期举办全球包装产业博览会，以湖南省“长株潭”为原点，逐渐辐射到全世界各国和各地区，建设“中国包谷”生产加工基地，为全球客户提供贴身服务，5 年后，可打造和吸附 1000 亿级的产业集群，整合 10000 亿级的市场发展。

《智能包装广告》是我国国内第一部紧跟 5G 赋能时代脚步的有关包装广告承前启后的全面思考，是具有国际高度的创新性智能包装广告研究成果，是中国包装学学者、广告学学者、传播学学者、市场营销学学者、管理学学者和社会学学者等精诚合作的突破性精品力作，是世界上最先以“5G+ 人工智能”视野审视中国和世界智能包装广告的有力尝试。

在撰写《智能包装广告》过程中，著作人紧紧依托湖南工业大学全国包装广告研究基地这一坚强后盾，紧紧抓住中国包装联合会、中国包装总公司、湖南工业大学和上海复星集团联合创建中国包装产业链资源聚集谷的旷世良机，集中了中国传媒大学、北京师范大学、北京邮电大学、浙江传媒学院、湖南工业大学等一批顶级专家的聪明才智和十数年研究成果，立意于中国的5G商用技术，全面、深刻透彻扫描了包装与广告的内在联系，洞悉智能包装广告的深度变革，总结智能包装广告的现实实践，剥丝抽茧论证包装演化进程中蕴含的深刻广告原理，从传播学、经济学、信息学、计算机科学、广告学、市场营销学、包装学、材料学以及社会学伦理学等多维度全视角进行智能包装广告的学理探索，既是包装机械、包装设计、包装材料、包装艺术、包装营销等包装学科的全新命题，也是广告学传播学领域交叉并举的学术前沿高地，是工管文理艺产设熔于一炉的荟萃渗透，初现出智能包装广告理论的概念轮廓，为创新现代传播、现代广告、现代包装、现代营销等领域的既有理论，闯出一条新路。

《智能包装广告》一共八个章节，包括第一章概述，从智能包装广告的定义、分类、功能和特点展开分析论证，明确指出智能包装广告是具有中国特色并且裹挟着中国的5G基因的划时代全新广告形式；第二章是智能包装广告的发展历程，深刻分析了原始包装广告、传统包装广告、现代包装广告到智能包装广告一步步发展前行潜变的过程；第三章是智能包装广告艺术，从智能包装广告的艺术形式、艺术载体、艺术功能及创艺原则等角度分析智能包装广告的艺术性；第四章是智能包装广告文化，从智能包装广告文化类型、智能包装广告文化的概念内涵、智能包装广告文化与品牌传播、智能包装广告文化的受众分析四个方面来探讨智能包装广告文化；第五章是智能包装广告伦理，从智能包装广告寻根逐源、塑料包装伦理、场景包装伦理及智能包装广告内容伦理等角度，提出智能化时代伦理的道德规范和行为准则；第六章是智能包装广告产业，围绕智能包装广告产业环境、产业人员、产业技术、产业类别、产业特点及包装广告材料、包装载体的产业状况进行分析，提出智能包装广告产业是前所未有的新产业；第七章是智能包装广告管理，从智能包装广告的顶层设计、广告环境、广告法规及全球合作等角度，提出加强审查、提高违规门槛和反不正当竞争为切入点，创新、完善智能包装广告监管法规的法律条文，确保对智能包装广告的有效监管。

第一章
概　述

从刀耕火种的原始社会就地取材的简单“实用包装”，演化到石刻技术、造纸技术、印刷技术、铸造技术等陆续诞生之后的“实用包装”与“美化包装”交织混杂，“包装广告”初露端倪。随着现代科学技术日益发达，专业化包装机械使包装材料、包装设计、包装艺术等各方面都日益成熟，并且赋予了“包装广告”超越最早期的基本范畴、基本要义、基本诉求，实物外包装广告与人物事件包装广告都进入到“包装广告”的视线，国家城市包装广告、公司企业包装广告、产品商品包装广告、楼宇建筑包装广告、风景名胜包装广告、科技创新包装广告、传播媒体包装广告、生活服务包装广告、影视作品包装广告以及其他各种人物事件等包装广告都具有“包装广告”需求且“包装广告愿望”越来越强烈。这个时候的“包装广告”，彻底突破了既往的“包装”单一边界，包装策划、包装广告、包装宣传、包装传播的色彩愈发鲜明。

从古至今的包装，随时都可以窥见广告的影子。远古时代原始包装的藤蔓包扎，会以不同的包扎形状、捆绑位置等显示“属于”不同的人群对象；传统包装时代包装材料更新换代、更迭变化，更加清晰了相应目标对象的专属领地；到了现代包装时代、智能包装时代，不仅可以将包装中的广告功能发挥到极致，而且可以按图索骥锁定目标广告对象，实现精准广告营销。20世纪90年代末至21世纪以来，“包装”逐渐打破了商品产品“包装容器”“包装外壳”“包装保护”等相对单一的语义表达，“包装”一词的目标对象外延演化到国家城市、公司企业、产品商品、楼宇建筑、风景名胜、科技创新、传播媒体、生活服务、影视作品以及人物事件等领域无所不包，城市包装、人物包装、媒介包装等方面的研究，以及“城市传播”“包装品牌”“品牌传播”“广播电视栏目包装”“影视剧包装宣传”等成为研究热潮，成为建筑学、经济管理学、新闻传播学等领域的新鲜血液，新闻传播学者的研究成果最为集中显著。刘叶（2016）的《电视栏目包装的作用与特点探析》、何支涛（2018）的《产品包装的三大功能：标识品牌、提升体验、引发传播》、韩尚宇、李光安（2018）的《当包装遇上传播——浅析大众传播行为对包装设计过程的影响》和徐璐（2018）《从产品包装到品牌包装——消费升级背景下的中国茶饮品牌产品包装设计的策略》等作品，都可透见到包装与品牌、包装与广告、包装与传播等方面“包装”语义表达外延扩展和“包装”研究成果张力外溢。

5G网络的铺展和人工智能技术的无缝融入，智能化武装到包装行业广告行业各个环节的智能包装时代智能广告时代呼啸而来，“智能包装广告”成为当下和未来包装行业、广告行业、传播行业的重要内容。尤其应该引起注意的是，在原始包装时期、传统包装时期和现代包装时期“包装”与“广告”几乎形影不离，但是发展到了智能包装时代，有时候只是单独将“包装功能”发挥到极致，而包装材料包装器物等的“广告功能”则被有意识无意识地“智能化”“屏蔽化”“碎片化”了，以至于原本可以在人工智能时代大放异彩的智能包装广告远远没有能够树立起应该具有的形象地位，发挥出更大更广的功效价值。苏宁物流 2018 年在武汉地区上线的气泡包装袋在国内率先做到了“不用胶带、不用填充物、10 秒钟就能完成客户商品的自动化包装”，彻底颠覆了传统概念的包装广告诉求，倒是为苏宁品牌大大的做了一个最好的广告。

第一节　定　义

要了解智能包装广告，首先需要从根本上掌握包装的发轫根源，掌握包装与包装广告密不可分的本质联系，其次才是破解包装广告的内涵要义，剖析包装广告的广告功能广告特质，最后提炼与升华出5G时代人工智能技术裹挟下的智能包装广告完整科学定义。

一、包装

理解包装，首先要区分“包”与“装”的不同含义与不同发展演进进程，还要透析“包”与“装”中的广告元件广告元素。原始包装时代，“包”与“装”有着截然不同的意思，也有着截然不同的进化轨迹。准确地说，原始包装时期的“包装”，是从“包”向“装”

发展进步，再一步步发展到包装一体的全部过程。

（一）关于“包”的追根溯源。所谓“包”，即选取合适的植物叶片、兽皮、鱼皮、鸟皮等，对物品进行撕、拉、折、叠、卷、绕、缠、捆、串、扎，形成一个个独立的“种子包裹”“猎物包裹”“食物包裹”“私人物品包裹”等物件，以便于区隔、保存和拿取携带，也便于“装”更多东西。这个时期的“包”，大量的是因地制宜、就地取材的“粗材料”，在视野范围之内寻找宽大的树叶、荷叶、芭蕉叶等植物叶片，稍加改造作为人类生存必备的器物。

按照英汉双解大词典的解释，“包”字有名词、动词、量词三种主要用法，也从另一个侧面反映出多层含义。“包”作为动词时，主要是 wrap（包扎）、surround（包围）、encircle（环绕）和 envelop（包卷）的意思；作为名词时，则是 bundle（包裹）、package（包袋）、pack（捆包）和 packet（口袋）之意；如果视作为量词，有 bale（捆）、box（盒、箱）、bundle（包）、package（包）的意思。这样一来，就可以中西合璧看到“包”的原貌原意。

（二）关于“装”的追根溯源。原始时期的所谓“装”，即选用石块、树干、兽骨、鹿角、牛角、贝壳等原生态材料，借助身边可用之材加以烧、切、削、割、打、磨、钻、压、凿、雕、刻、挖、穿、盖等细微加工改造，使之成为利于人类吃喝、堆存、盛放、传递、运送等所用所需的千姿百态器物。这时候的“装”，人们以石头制作简单的生产工具制造工具，偶尔将石头打磨削刻作为器物使用，“装”的生活价值、生存价值、装扮价值、着装价值等都有了一定形式的体现，“装”的外延和内涵不断扩张和深化。此时此刻的“装”，与“包”的交织交融日益演化，“包”与“装”你中有我、互通曲直，“包装”模样慢慢清晰起来。此时此刻的“装”，从星星点点有了一些“石器时代”人类文明进化的影子，到石器时代、青铜器时代的技术交融，为进入到下一阶段的“传统包装”和“包装广告”做好了精神方面和物质方面的多方准备。

按照英汉双解大词典的解释，“装”的字面含义有名词，主要意思是 dress（衣着）、clothing（服装）、outfit（外观）和 attire（盛装），延伸为 pretend（伪装）、act（扮装），另一层意思表达为 stage makeup and costume（演员的舞台妆扮），“装”作为动词，则有 celebration（装扮）、decorate（装饰）、pretend（伪装）、dress up（修饰、打扮）和 adorn（装裱、装点）等含义。据此，“装”的含义更为清晰可辨，“装”的辐射范围更为宽广。

（三）关于“包装”的追根溯源。包装指的是人类为了保护产品的完整性或利于分辨产品的差异性，降低运输途中的消耗，降低错拿、错放、错运、错存等隐患，便于保密、中转、运送、储存、销售与携带，有意识地采用木材、竹本、野生蘑类、天然纤维等原生态材料和金属、塑料、玻璃、陶瓷、纸张、化学纤维、复合材料等合成材料对产品分门别类进行捆扎包裹。广义的包装则是在上述实用基础上的精神升华和范畴拓展，指的是人类为了美化与提升目标对象（包括国家城市、公司企业、产品商品、楼宇建筑、风景名胜、科技创新、传播媒体、生活服务、影视作品以及人物事件等）品牌形象，提高社会公众形象和地位，获取最佳最优商业价值及利润，通过精心组织策划而进行的系列外部装扮和宣传活动。

“包装”不仅仅是“包”与“装”简单合体，不仅仅是由“纯天然”“纯手工”到“纯天然 + 纯手工 + 新材料 + 新机械”的过渡与分化，不仅仅是更多样、更新潮、更时尚、更科学的包装材料更新换代，而是包装意识包装思想的日渐唤醒与日渐清晰，是“被动包装”向“主动包装”的本质飞跃。

所谓被动包装，指的是因人类生活所迫、生存所迫、携带所迫、运存所迫而不得不采取的包装活动、包装行为。被动包装，大多是无意识、下意识的“灵机一动”行为方式，比如突然获得猎物需要分而食之，就会想到使用切割下来的兽皮包裹大小不一的动物肉品与动物内脏，兽皮包裹不够分配时，还会随意选取生存范围之内的大幅宽树叶植物叶等，完成所需要的包装行为；所谓主动包装，指的是人类有意识运用先进生产工具、生活工具进行的包装行为，包括先进包装机器设备的发明创造、多样化多元化包装材料的发明创造等等，是人类由“无意识包装”向“有意识包装”的转变，是人类包装进化过程中包装意识的觉醒，是人类包装进化过程中包装思想的渗透，是人类包装进化过程中包装情感包装文化的写照，是人类文明发展进步成果渗透到包装行业的具体体现。

按照英汉双解大词典的解释，“包装”字面上意思与“包”与“装”的意思很相像，很难看出本质上的不同，只有细细推敲再结合文章上下文及段落衔接处才可以窥见一些差异。pack（包装），指的是把东西打捆成包或装入箱子、盒子、桶子等可以容纳物件容器的动作或过程，也可以是为了起到覆盖作用、保存作用、存运作用的外表、封套或容器。在一定区间内，“包装”特指储藏或运输商品时用的保护性的单元，如汽车运输包装、火车皮包装、集装箱包装等。“包装”的衍生意思，则是“通过包装创意与设计而生成的一种能吸引顾客注意同时能保护商品的一种专门行为和专业服务”。了解并精确把握“包装”的衍生意义，是现代包装和现代包装广告全方位发展的内生动力。

二、包装广告

包装广告简单地说就是“包装”+“广告”，即有目的地在包装器物上标记上广告标识、广告用语及全部广告内容，伴随着包装材料、包装器物运送到目标对象，以达到几乎“零成本”的代价实现“伴随性”广告推送的目的。早期的包装广告，因为广告目标对象群体不大，广告影响力式微，往往会被广告管理机关所忽略，也就找不到专门性、专业性管理文书，造成一段时间包装广告“群魔乱舞”，混淆了包装界、广告界、传播界等的正常思维，打乱了包装界、广告界、传播界等的行业秩序，也多多少少影响到了包装广告的行业形象。

审视包装广告的发展过程，是从“包装材料”“包装器物”“包装设计”“包装文字图形”等包装艺术表现中发现和萃取“广告表达”“广告创意”“广告宣传”“广告营销”“广告艺术”等广告意识、广告元素、广告精髓、广告思维并进行广告应用广告推广的过程。狭义的包装广告，简单地说就是将需要宣传的文字图片的内容，印制在商品包装物上，以达到“广而告之”推销推广产品与服务的目的。广义的包装广告，则涵盖了包装广告意识、包装广告创意、包装广告设计、包装广告文案、包装广告营销和包装广告市场反馈等一整套完整科学的新型广告形式。

包装广告将产品商品(后来包括了产品、服务等各种社会资源)的分类分拣、形体保护、私密隐藏、存储运输、辨认识别、使用携带、促进销售、增加盈利和品牌提升提振等功能集为一身，是包装材料、包装创意、艺术表达和广告营销的完美结合。合适的包装材料遇上石破天惊的包装思想、包装创意、包装设计，成就了包装广告新颖度、艺术性、美观性、实用性和营销性的完美表达，商品服务品牌等的流通速度显著上升，包装广告的宣传效果、传播效果得以全面展现，广告属性在整个包装体系中占据着越来越多、越来越高的地位。

包装广告又称共生传媒广告，是以某种商品或服务包装为传播载体，通过该商品本身自带的市场流通渠道，对商品本身或其他关联类商品或服务进行广告宣传商品推广的营销形式，使其自身附带的商品或者服务信息精确的到达目标受众。这种包装广告不依赖任何传统报纸杂志广播电视及互联网等新媒体，几乎不借助其他外部条件，也不消耗任何额外的能源、不需要建立专门的发布渠道、不会带来额外的环境污染，潜在消费者与载体商品用户高度吻合，对商品或服务的品牌建设和直接销售都有非常有效的促进作用。

（一）最早期的包装广告，基本上是“信手拈来”。最早期的包装广告，完全谈不上“专业”，更多的是“偶尔为之”的随性之作。

那时候，包装广告没有专业人员创意设计，有的包装广告就是为了满足客户的“额外”要求：或在包装盒上印刷上客户的诸如“公司名称、营业范围、公司地址、联系电话”等广告内容，一挥而就，也谈不上增加多少成本；或分析客户既有需求和利益空间，向客户提出“包装广告”的特别意义和价值，让其审视配置好的广告内容样本，既拉近了客户距离增加了黏揉度，也增加包装之外的额外收入，一举两得甚至一举多得。这类包装广告形式简单、内容简单、制作工艺也简单，只需要把宣传的产品与服务“公司名称、营业范围、地址电话”等广告内容印制喷涂在产品包装物品的最显著位置，在运送包装物品的同时能够多少打动一定的广告目标人群，即瞄准送达实物与使用实物的对象即可。

包装广告或“等米下锅”“问客杀鸡”，根据客户要求将简单明了的广告内容，印制喷涂在包装纸品、包装纸盒以及其他包装器物的正面、反面、侧面、上盖顶部、底座底部等，即大功告成；包装广告或“量身定做”“请君入瓮”，早早知晓客户有潜在广告需求，提前准备好包装广告的样板，让其大开眼界，顺势告知对方成本小好处多的种种优势，加上原本良好的合作关系，基本上能够做到一拍即合。包装广告的最大长处是经济实惠，因包装广告的费用可以计入商品包装费之内，没有额外的广告投资。因此，包装广告可为企业节省下一笔广告费。运用包装广告宣传时，广告人员应考虑到包装广告产品和包装产品之间的协调性，以引起消费者的兴趣，如咖啡广告可印在咖啡包装盒上，刮胡膏广告可印在刮胡刀片包装纸上等。包装广告的不足之处在于，广告宣传范围较小，影响力相对有限。能接触到包装广告的消费者，仅局限于广告有效期内正好购买到了并且开“包”使用了该产品的目标广告人群。因此，包装广告在一段时间内只被广告人员用来作为其他广告活动的辅助广告活动，没有在广告界自成体系。

（二）包装广告是人类思想的写照与传承。这是一个产生思想的时代，这是一个思想可能主导世界的时代，包装广告即是这个时代思想的造化。所谓“包装思想”，即在现代包装全系统全流程中，蕴含人类潜智的造物思想、造物观念，始终是原生态材料现代材料选择以及器物的造型、结构、装饰等创意、设计与制作的精神源泉与创造动力。包装广告既体现着不同地域、不同性别、不同种族思想灵魂的写照与映刻，又是一代代人类文明的薪火相传、继往开来。

通过对古代包装、传统包装和现代包装的包装材料、包装形式、包装工艺、包装创意和包装艺术等方方面面的嬗变、更迭与潜进进行梳理、比照和探究，明晰了从古代包装到现代包装以及智能包装进程中思想进化的价值。在人类历史演进中所积淀的与天斗、与地斗、与世间万物斗的精神，不仅留下了大量巧夺天工的实物作品，也留下了“师法自然、天人合一、道器合一”和“以人为本、格物致用、物尽其用”等众多哲学思想与造物思想财富，揭示出对当下包装设计发展所具有的启迪作用。[1]

先秦时期荀子提出的“重己役物，致用利人”的造物思想，指

---

[1] 参见方瑞丽：《包装艺术的历史风貌》，《中国社会科学报》2017 年 11 月 10 日。

的就是以人为主体自觉地驾驭物质材料，通过造物活动所生产器物的目的在于为人所用，闪烁着包装思想光芒；《墨子·佚文》体现出墨子造物思想的实用性，主张“器完而不饰”“先质而后文”，即审美和艺术活动要建立在一定物质生活基础上的思想，这与老子在《道德经》中提出的“大音希声、大象无形”大道至简的造物思想一脉相承；东汉王符在《潜夫论·务本》中提出“百工者，以致用为本，以巧饰为末”，阐明了实用与装饰的关系。这种“格物致用”“见朴抱素”的造物思想，几乎贯穿了整个中国古代的造物历史。①

（三）包装广告是灵感与创意的激发与抒怀。从不同包装时代的包装材料选择与组合，从包装颜色包装形状等包装工艺的逐渐改进与颠覆性创新，以及一件件包装设计与广告创作的合体作品，一个个包装广告匠心独运、曲径通幽的鲜活事例，体现着包装达人厚积薄发的灵感激发，或是广告人独出心裁的灵光闪现并嫁接移植，是人类智慧的瞬间写意与代代相传。

为了赢得更多的读者市场份额，世界各国的报纸“包装广告”时可见闻，既有着形状改变、颜色抉择、厚薄取舍甚至香味融透等五花八门的包装创意设计，更有被逼无奈“将包装盒变日报，《每日新闻》变身报纸瓶”的挥洒创意。进入 21 世纪以来，“报纸的冬天”场景随处可见，“报团取暖”“断腕求生”必不可少。日本《每日新闻》同样面临严冬的袭扰，当发现每天买报纸的年轻人越来越

---

① 参见任军君：《中国传统的造物思想》，《中国社会科学报》2018 年 9 月 24 日。

少，但每天买瓶装矿泉水的年轻人却越来越多时，果断决定将报纸变成饮料瓶的包装，摆在超市货架里进行销售。这一创意的高明之处，一是用报纸做产品包装，格调不仅没有降低，反而在货架上的识别度变高。再加上这款 New Bottle 矿泉水的定价是其他矿泉水品牌价格的一半左右，一下引发了购买热潮。为了保证瓶身标志新闻的可读性与资讯更新效率，《每日新闻》先后推出了 31 款“报纸瓶”包装，同时在瓶身上还印上了二维码，用户可以通过扫描二维码，在手机端读到最新新闻，在几乎每一个零售超市都引发了这款“报纸瓶”销售热潮。这样一个非凡创意，既挽救了传统的纸质报纸《每日新闻》，又将用户引向了移动端，将年轻一代引导成为传统报纸的读者，真可谓“一箭双雕”。

三、智能包装广告

智能包装广告是 5G 时代的叠生、迭代产物，是人工智能技术在包装领域、广告领域、包装广告领域的伟大实践，是智能包装与智能广告有机结合、完美融合。人工智能技术的飞速发展，带动了广告行业广告产业进入到新的智能广告时代。随着传统广告不断渗透融合人工智能技术，在广告内容生成、广告精度搜索、广告即刻劫持、广告跨屏融屏展现、广告音视频场景、高速终端应用等方面“潜进”，与方兴未艾的网络直播内生广告和人脸识别广告等相映互衬，极大丰富了广告的内涵与外延。人工智能技术与现代广告的不断穿插、渗透、潜进，逐渐发展嬗变为“广告 + 智能”的特有属性，

“智能广告”呼之欲出，掀开了全球广告产业新的华篇。[1]5G 技术、5G 网络激活了人工智能技术，5G 时代的人工智能技术得以在包括现代包装行业在内的各个领域“呼风唤雨”，为智能包装广告进入到全面商用化、实用化创造了良好条件。从某种意义上说，正是 5G 时代并唯有 5G 时代的到来，包装与广告的结缘、繁衍才实现了真正意义上的“天衣无缝”，现代包装广告才迎来了脱胎换骨的新年华，才迎来了具有实质意义的无处不在的智能包装广告应用与发展的智能包装广告时代。

（一）5G 技术推进下的 5G 网络，逐渐激发了人工智能技术在包装广告领域的无穷活力，贯通了包装行业各个组织、各个系统、各个环节、各个渠道、各个触角，充分“赋能”现代包装体系中的广告元素、广告元件，使得“包”与“装”“广”与“告”“包装”与“广告”“智能”与“包装广告”超高密度、超高精度熔于一炉，水到渠成为“智能包装广告”利益共同体、市场共同体、学术共同体，成为现代广告大军中异军突起并具有超级智慧、超级艺术、超级效能、超准投放、超准反馈、超级环保的“六超”广告新锐。智能包装广告的超级智慧，是智能包装广告之超级艺术、超级效能、超准投放、超准反馈、超级环保的灵魂统帅，决定着其他“五超”的目标方向，也在实践应用中随时随处都可以找到注脚。例如智能包装广告的超级艺术表达，远远超离了既往一贯的艺术创意，完全是在超级智能引领下，高度学习与演练全球最优秀的广告设计和艺

---

① 参见曾静平、刘爽：《智能广告的潜进、阵痛与嬗变》，《浙江传媒学院学报》2018 年第 3 期。

术广告表达艺术，杂糅客户所在国家和地区的文化底蕴，造化出唯美化臻的包装广告艺术。

（二）“5G技术＋人工智能技术”催生出前所未有的智能包装广告意识、智能包装广告思维、智能包装广告观念和智能包装广告文化，越来越多的包装营销管理者和包装设计者开始发现包装材料、包装器物等包装体系中的智能广告原理，开始清楚认识到包装产品的广告传播功能，智能包装广告的概念日益明晰。在实际的包装设计和包装管理中，包装营销管理者和包装设计者开始重视把包装创意活动、包装设计活动和广告推广活动、广告营销活动结合起来进行立体考虑，把包装材料包装器物等固有的包装传播载体资源充分地加以利用，打通了包装创意、包装设计和广告传播活动之间的有机链接，以超级智慧、超级艺术、超级效能、超准投放、超准反馈、超级环保的“六超”广告新潮范式，充分发挥出包装广告资源的效应和价值，造就了欣欣向荣的新一代广告新锐。

（三）智能包装广告在包装广告功能的实际应用中，讲求包装创意、包装设计、包装艺术和品牌形象广告宣传的一致性，既追求包装材料、包装造型的独特性和视觉冲击力，又注重与强调包装本身功能的有效发挥，既弱化了过度包装使消费者产生反感的心理，又在某种程度上加强了包装材料、包装创意、包装设计、包装艺术作为广告宣传、广告传播作用的发挥，将包装本身作为产品信息最重要的载体功能，以及保护产品、美化商品、宣传商品的三大主体作用全面舒展到位。通过包装器物自身独有的赏心悦目的图案图形色彩装饰、广告文字动漫等展示演示标准器物内在产品的功能特性特征，实现精准有效的品牌定位，成为刺激消费者消费购买欲望，决定消费者购买动机行为的直接诱因。①

智能包装广告是在5G技术推演助力下，人工智能与包装材料、包装器物、包装创意、包装艺术表达和广告营销的完美结合，是包装广告文化的一支新军。随着时代的发展、社会的进步、工业时代的大举前进，工业化4.0时代的包装设计也不再只是简简单单的起到一个生活实用、保护商品、运输便利等的作用，包装思想、包装创意、包装设计结晶的包装成品，已成为一种决定商品属性、商品价值的主要因素之一，对所包装的物品产品有着画龙点睛的作用，亦即包装与广告正顺应时代需求，越来越广泛地渗透到包装行业设计生产流程的各个环节，构筑成独树一帜的中国特色智能包装广告理论与实践。②

第二节　分　类

5G时代的智能包装广告，当然是在广告学科的大类之间。按照不同分类体系，智能包装广告有着不同的分类类别。按照技术支撑与技术进步分类，则有原始包装广告、传统包装广告、现代包装

① 参见韩晓燕、甄伟锋：《包装设计里的广告传播学！》，2017年4月6日，设计智造，http://cocoo.top。

② 参见张志国：《包装艺术的发展与现代包装的设计研究》，《今传媒》2016年8月3日。

广告和智能包装广告；按照依存类别分类，则有人物包装广告、城市包装广告、国家包装广告、公司企业包装广告、产品商品包装广告、楼宇建筑包装广告、风景名胜包装广告、科技创新包装广告、传播媒体包装广告、生活服务包装广告、影视作品包装广告；按照材料质地分类，则有木材包装广告、金属包装广告、塑料包装广告、竹编包装广告、绳藤包装广告、纸质包装广告、陶瓷包装广告、玻璃包装广告、化学纤维包装广告、复合材料包装广告和天然植物叶片包装广告；按照器物形状模样分类，则有方形包装广告、圆形包装广告、瓶状包装广告、锥形包装广告、异形包装广告和保护单元包装广告（空间包装广告）。综合以上各种不同类别不同分类体系，5G 时代的智能包装广告主要依照技术支撑与技术进步发展路径，按照外部包装广告、贴身包装广告、空间包装广告、想象包装广告、会展包装广告和另类包装广告六个方面来考察。

一、外部包装广告

外部包装广告简而言之就是在包装材料（包装器物）外部发布广告的行为，是一种经济便捷的新生广告形式。人类为了保护产品的完整性或利于分辨产品的差异性，降低运输途中的消耗，降低错拿错放错运错存等隐患，便于保密、中转、运送、储存、销售与携带，有意识地采用木材、竹片竹筒、植物叶片、兽皮鱼皮、石质材料、陶土材料、纸质材料、金属材料以及后来制造发明出来的各种复合材料等，做成各种各样的器型器物，为外部包装广告打下了物质基础，也自然而然萌发了外部包装广告的思想火花，并随着社会生活文化文明的进步而一步步付诸实现，成为新新广告不可或缺的一份子。

（一）外部包装首先是厂家广告、产品广告。外部包装是最先映入消费者眼帘的视觉冲击物，是“厂家的颜面”和“产品的脸面”共同亮相，是“无声的广告推销员”，因而外部包装首当其冲的就是厂家广告、产品广告。精美别致精巧的包装，无形中就可以大幅提高生产厂家及产品的品牌形象和市场地位，发挥出特定的广告功能。外部包装上所标明的生产厂家、注册地址、注册商标和联系电话等广告内容，一方面向消费者传达着生产商保证质量、注意信誉的各种各类相关信息，另一方面可以使消费者透过产品包装物上“随身携带”的广告，监督产品的质量，给消费者以信任感。

（二）外部包装广告是一种特殊艺术形式。商品的外部包装是一种附着于商品外部表面的特殊艺术形式，其艺术价值广告宣传价值在现实生活中随处可以找到注脚。无论是顾客走进超市、购物商场，还是无意中扫描街道两旁的霓虹灯广告牌，各种类型的外部包装广告应接不暇。此时，个性化、独特性强的、趣味性显著的包装创意最能使受众在一瞬间怦然心动、流连忘返。外部包装广告是一种特殊艺术形式，即依靠独特新奇趣味的个性化创意设计，第一时间吸引眼球并触动受众内心深处的消费欲望，使之在面对琳琅满目的商品信息传播时，毫不犹豫、主动接受、主动消费。

（三）外部包装广告是最常见也是最朴素的广告形式。外部包装广告无需精密筹划，也不需要考察广告市场竞争环境，是一种特定的唯有包装行业独有的广告类别。外部包装广告目标诉求和广告目标对象明确，即包装器物送达对象、包装器物使用人群，也算是一种精准广告。

外部包装广告是最早期出现的包装广告，基本上没有太多太复杂的创意设计，随随便便把广告客户的广告内容印制喷涂于包装器物表面，就可以满足客户需求。此时的外部包装大多数情况相当于“买一赠一”，对广告客户而言没有额外的广告成本和开支，也没有其他常规广告（包括其他包装广告）所必需的创意设计排版制作时间等一系列一连串的广告周期，是一种非常应急应景的广告形式。外部包装广告简单便利易于操作，既受到包装制造商包装运营商的欢迎，也是广告客户屡试不爽的宣传新招和本小利大的广告新元件，是最容易实现也是最容易达到广告目标的现代包装广告。

（四）外部包装广告无需专业广告人才。外部包装广告是最朴素最简单的广告形式，外部包装广告谈不上精心策划精密创意，只要把服务对象的“生产厂家、生产地址、联系电话”打印出来放在包装材料上就算完成了任务，根本不需要专业广告人才。还有一部分是广告客户把自己做好了设计的广告颜色、广告式样等广告内容原封不动印制喷涂在包装材料上，就连校对等扫尾工作都一并承担了，更谈不上需要专业广告人员的参与了。

鉴于外部包装广告无需专业广告人才，自然减少了从广告创意广告设计到广告发布广告反馈的一系列成本，因此可以说，外部包装广告基本上没有“额外成本”。精打细算的包装生产厂家和包装客户常常是一拍即合，在外部包装上印上简单的产品介绍，就成了包装广告。利用包装商品的纸、盒、罐、皮、套等外部包装，印制介绍生产厂家的品牌形象和生产商品的产品介绍等广告内容，是产品的“免费”附加物，因而极易被消费者“同情”和理解，所给人的记忆也往往同产品形象连在一起，所以识记率高，对产品形象有强化作用，易于“培养”消费者的购物习惯。外部包装广告亲和力强，接近感强，随着商品深入到消费者的家庭，较容易打动消费者。外部包装广告一般不另外收取费用，广告费用可以计入包装费用之中，既方便又省钱。外部包装广告的广告形式主客两宜，受到包装生产商、包装客户和消费者的广泛欢迎，是最为经济实效的广告样态之一。

二、贴身包装广告

贴身包装广告是指充分运用产品类别类型、产品材质质地、产品器型器具所裸露展现的外部界面，以其独特造型、独特材质、独特装饰、独特文字图画、独特 LOGO、独特色泽来张扬产品形象，刺激消费者购物动机、馈赠动机和储藏动机，促进产品销售、产品推广。茶缸、酒具、酒瓶、饮料瓶、轿车车体、公文包、行李箱等，都是贴身包装广告屡试不爽的优质载体。

曾几何时，中国很多地方的消费者只要看到公文包上行李箱上印着“上海”或“北京”二字，就会引以为傲的拥有，如果再配上外滩画面、天安门画面、长城画面、天坛画面，那会更加觉得公文包行李箱有来自北京、上海的“贵气”与“大气”。有些购买路易

十三、人头马、轩尼诗、马地利、沃特加等的酒类消费者，就是喜欢这些酒瓶的外形、酒瓶的水晶质地。

时过境迁，贴身包装广告一步步从包装容器物品显著的标识图形 LOGO 转向器型器物与内部产品质地质量的统一，追求品牌内涵与贴身包装广告的一致性。显著一时的西装袖口商标不复出现，被大量个性化多元化的动感元素所取代。有些时候，特定独创的系列颜色组合就形成了专属的企业产品形象，特定独创的系列颜色 + 特定独创的凹凸造型弧度造型等组合就会更加强化企业产品形象，远远望去俨然造就了一道别致风景，近距离驻足欣赏又会流连忘返甚至忍不住抚摸把玩。人工智能时代各种高科技元素的嵌入，为贴身包装广告创意出更多元更丰富的排列组合。

贴身包装广告与外部包装广告最大的不同，在于包装器物与包装内容（产品）的关联紧密程度。外部包装广告承载着更多的装饰、保密、中转、运送、储存、销售与携带等“包装”功能，其广告流通广告传达一般会随着产品送达之后而剥离并逐渐消失，“广告”流程相对单一，“广告”时间也相对较短。贴身包装广告与产品“唇齿相依”“血肉相连”，不仅不会因为“船到码头车到站”遭致废弃，而且还会以特立独行的造型、五彩斑斓的色系以及光怪陆离的材质携带着隽永的广告标识“经久永流传”。世界各地长盛不衰的酒瓶展览（包括个人酒瓶收藏热）、寻找历史记忆的老爷车博览会等，都能够感受到贴身包装广告的独具匠心和持久魅力。

随着 5G 技术的渗透、5G 网络的铺展，人工智能技术开始真正发挥出超级动能，并且开始在与包装场景、包装技术、包装材料、包装艺术等的全面融入中大展身手。2017年，网易云音乐与农夫山泉展开跨界合作，完成了一次智能包装广告的伟大实践。网易云通过精选30条用户乐评，印制在了4亿瓶附带有AR技术的农夫山泉饮用天然水瓶身上。这款瓶身用网易云音乐的黑胶唱片拼成农夫山泉的山水LOGO，配上一句走心的评论，文艺范儿十足。当用户扫描黑胶唱片图案后，手机界面会自动出现一个沉浸式的星空场景，点击其中出现的星球就会弹出随机乐评，适时跳转至相应的歌单，无需下载即可获得完整的音乐体验。①

三、会展包装广告

会议论坛住所、展览馆、展览中心（简称会展中心）其本身就是一个活广告，每一件独具特色的展品都是印证着时代特色的包装广告代表，每一个精心布置的展馆容纳着精挑细选的成规模成体系的类型物品，整个楼体的包装广告形象更为显著。随着会展中心建筑群落日增月涨，整个会展中心的品牌影响力日益扩大，广告传播价值不断显著，一批“老字号”会展中心已然成为一个城市的品牌标签，成为一个国家和地区的文化符号。美国达拉斯会议中心、美国阿纳海姆会议中心、德国柏林展览中心、德国杜塞尔多夫展览中心、德国科隆展览中心、迪拜世界贸易中心、德国法兰克福展览中心、德国汉诺威展览中心、中国台北世界贸易中心和德国新慕尼黑

---

① 参见阿铎：《怎样玩转包装营销？这些“脑洞大开”的创意个个精彩！》，2018年12月21日，360个人图书馆 http://www.zhisheji.com/toutiao/1161111.html。

博览中心世界十大会展中心，不仅仅是展会论坛的广告宣传标志，更显示出美国、德国等老牌资本主义国家及新兴经济体阿联酋的文化张力。

中国的强盛崛起，为中国特色会展中心的包装广告发展建设创造了更好的机缘，北京、上海、杭州等传统国际会展中心及广交会影响日盛，“一带一路”国际合作高峰论坛、中国—东盟博览会、亚洲博鳌论坛、世界互联网大会及上海进口博览会等成为一众新型会展中心名片。中国主张、中国声音、中国文化，通过一批批特色会议、特色会展论坛得以在全球传播扩展。2000 年，中国、日本、菲律宾等 26 个发起成员国政府（现在增加至 29 国）就成立“亚洲论坛”达成共识，中国政府批准在海南博鳌成立论坛，于 2001 年 2 月 26 日至 27 日主办首届博鳌亚洲论坛。菲律宾前总统拉莫斯、澳大利亚前总理霍克、日本前首相中曾根康弘、哈萨克斯坦前总理捷列先科、蒙古国前总统奥其尔巴特等 26 个国家前政要出席了大会，通过了《博鳌亚洲论坛宣言》《博鳌亚洲论坛章程指导原则》等纲领性文件。现在的海南博鳌，已经发展成为一个全世界关注的议政中心，成为一年一度热议全球大势、全球要事的平台窗口。

在人工智能技术赋能牵引下，各个国家和地区的展览馆、展览中心的包装广告，都能够跳出普通概念的器物包装广告，进一步拓展深化出貌似“偏安一隅”实则风光无限的包装广告新宠。展览馆、展览中心的包装广告，与作为“国民经济风向标”“国民经济晴雨表”的会展和广告如影随形，在国民经济产业中发挥着如产品包装广告般的增强效能，会展与包装广告相结合形成别具一格的会展包装广告。具体来说，包括城市建设包装、城市形象包装、城市经济实力包装、城市知名度包装、城市美誉度包装、场馆内外部建筑建设包装、场馆规模包装、场馆装饰装潢包装、场馆综合功能包装、展台搭建包装、展位设计包装、展品陈设陈列包装等自上而下、方方面面都显示出会展包装广告的独特功效与魅力。

四、想象包装广告

5G 技术赋能，激活了人工智能导引下的无人驾驶轿车市场，点亮了无人飞机装扮的夜空，成为城市品牌新标志，与地铁隧道广告等一道，为新一代充满想象力的包装广告增光添彩。

所谓想象包装广告，就是充分展示人脑想象力，对广袤的旷野、浩渺的江海、无垠的天际等看似虚无缥缈的空间，植入现代高精尖科技，形成一幅或波澜壮阔或巧夺天工或绚烂华彩的光影场景，既可以多层次立体化进行产品广告宣传，也可以创造出新的旅游景观，塑造出智慧城市品牌形象，是一种无中生有、移花接木的高科技应用包装广告。

想象包装广告可以在景区营造氛围、创造新气象，利用智能无人飞机组合成应情应景的别致造型文字、别致造型图案、别致造型产品、别致造型城市。2018 年 8 月 10 日，中国传统佳节“七夕”即将到来，长沙市橘子洲头一场盛况空前的无人机灯光秀如期上演。这是湖南卫视《2018 快乐中国 · 爱情歌会》七夕节目的神秘环节，这是节目组与擅长无人飞机包装广告的北京高巨传媒携手推出的别样芳华节目展映。北京高巨传媒在一年时间里，利用对人工智能飞机灯光秀的精心编排，先后为奥迪 A8L 发布会、京东 618 狂欢节、珠海长隆海洋王国、青岛啤酒节等活动展现了想象包装广告的无穷魅力。陌生神秘的无人机灯光秀作为一种新型广告表演形式，让现场观众充满期待。在湖南卫视七夕节目的神秘环节中，当迎合七夕趣味数字的 777 架无人机以富有历史韵味的长沙橘子洲头为支撑，以广袤无垠的宇宙星空为画布，以滴滴答答的浪漫夜雨为天然伴奏音乐，与欢呼雀跃、热情洋溢的现场观众纵情交融，编织出“来长沙放肆爱”“橘子洲头”等唯美无人机灯光造型，不时变幻着爱神丘比特之箭、惊涛拍岸星空灯海、鲜活跳跃的爱心等别出心裁的场景，普绘出一幅幅激动人心、令人叹为观止的诗情画卷。硕大的“高巨传媒”霓虹灯悦动在湘江水面，与“橘子洲头”“长沙”以及心形符号浑然一体，将企业包装广告、产品包装广告、旅游景点包装广告全部融入其中，在妙趣横生、喧嚣嬉闹之时消化了各种精心乔装的广告元素。

两年之后，利用智能无人飞机组合的这类独出心裁的想象包装广告推陈出新。2020 年，一场由湖南首家无人机智能应用公司，湖南电广亿航文旅科技有限公司推出的无人机天幕光影秀在湖南圣爵菲斯大酒店璇宫前坪拉开帷幕。只见无人机编队与天幕激光秀实现完美互动，在夜幕中为现场观众带来了多组图案造型。电广亿航致力于全球首创的“空域造景媒体”“千机变天幕光影 SHOW”“共享无人机空中智慧旅游”“天空数字营销”4 个板块，打造了无人机表演顶级口碑。

该公司透露，为响应长沙市政府刺激消费、提振经济的有关决策部署，电广亿航每年拟在橘子洲头进行约 120 场无人机表演，每场表演使用的无人机数量约 1000 架次。届时，无人机表演将结合飞行音乐秀、裸眼 3D 天幕光影秀等先进技术手段，宣传省市发展理念和经济政策，展现长沙历史文化内涵，提升长沙市作为媒体艺术之都、幸福之都的城市品牌影响力，并力争将长沙橘子洲打造成全球科技品牌企业新技术首发的世界级城市地标。不同主题的编队表演，将让无人机天幕光影秀成为长沙夜间留客的新模式、新引擎，拉动长沙夜经济消费，推动长沙经济持续升级发展。电广亿航的目标是从长沙出发到达百城千景，打造一千个中国文化故事科技大秀，在夜幕中呈现一场科技视觉盛宴。①

另类包装广告指的是不走寻常路、不入正规门径的包装广告，也算得上是想象包装广告的一分子，最有代表性的就是烟草包装广告。由于烟草产品的特殊属性，烟草类电视广告、广播广告、报纸杂志广告在很多国家和地区已经绝迹，网络赛博空间也基本上见不到烟草广告的身影。不仅烟草类广告代言人销声匿迹，而且有关方面还规定必须在每一盒的香烟包装上清楚地标明“吸烟有害健康”的标语，形成一种“另类包装广告”。尽管中国烟草总公司从不打广告，却在中国大陆几乎人尽皆知；尽管曾经风靡一时的“这里就是万宝路的世界”广告词已经是 20 年前的事，但万宝路、骆驼、

---

① 参见胡邦建、夏君香：《电广亿航挂牌成立，无人机天幕光影秀“点亮”夜长沙》，2020 年 6 月 19 日，红网时刻 https://baijiahao.baidu.com/s?id=1669937687399888634&wfr=spider&for=pc。

希尔顿、中华、和天下、黄鹤楼、红塔山等卷烟品牌不需要任何广告依旧驰名中外，并且有着固定的庞大拥趸。

第三节 功 能

智能包装已经不再是传统意义上的商品外包装，而是一种在现代化包装材料与包装技术的基础上，引入多领域先进的技术，如电子、控制、传感等新技术，使其具备“信息化”“强交互”“高智能”特性的包装，具有越来越显著的广告气质。信息化是智能包装广告的一大显著特性，包装上除了传统的产品信息外，还添加了更多可供智能手机、互联网、物联网读取的相关信息，包装广告信息容量增大。强交互意味着消费过程的一种交互式体验，智能包装广告为消费者提供了与网络空间相连的机会，把互联网线上参与和互动融入购物中。高智能则表现在材料智能、技术智能两方面，越来越多新型材料开始与智能包装结合，比如碳纳米材料、活性包装材料、发光包装材料等，新型材料为智能包装广告的调控性、感应性提供了可能。在技术层面，近场通信（NFC）、射频识别（RFID）、蓝牙和增强现实（AR）等技术的引入，使得智能包装广告具备了更多可拓展功能。

智能包装广告既有大众媒体广告、户外广告、网络新媒体广告等彰显品牌形象、扩大市场需求等广告宣传功能，还有着包装自身携带的特种广告基因，具有传承包装文化、凸显包装特质、扩大广告范畴、创新商业模式和壮大广告产业等功能。

一、传承包装文化

消费者在选取产品时，包装的好与坏、创意与简洁是消费者对产品的第一认知，消费者会被包装设计所吸引，从而引起感性消费。在传统包装中，包装往往只能算作是产品或者品牌的一种附属存在，不能很好地传递出品牌文化。品牌文化是企业在发展过程中，随着品牌信息在消费者之间不断传播而积淀成的品牌文化，在一定程度上反映出了品牌价值、消费者认知以及消费者的情感归属，这也表明品牌文化内涵是较为深刻的，难以通过三言两语就能向消费者传达清楚，因此要想通过包装更好的传递品牌文化及精神，传统的包装是无法实现的。在物联网环境下，多领域技术推动了智能包装广告的新发展，它不仅为包装材料提供了创新的可能性，还推动了智能包装应用范围的扩大，为品牌文化价值的深化与品牌形象的打造提供了新的可能。

随着智能包装的不断推广，各大品牌已经开始借助物联网技术创新智能包装广告，推动品牌文化的外延。一方面，智能包装能够借助新技术，为商品承载更为丰富的品牌文化故事及内涵。例如，意大利面酱品牌商弗朗西斯科·里纳尔迪就利用了增强现实技术（AR）进行了包装的创新，其在自家传统意大利面酱料的包装上印制品牌代言人里纳尔迪夫人的形象，消费者可通过扫描包装，与里纳尔迪夫人在智能终端屏幕上互动，听她讲述有关品牌酱料、产品和包装的发展历史和故事。另一方面，智能包装还为塑造品牌形象提供了更加创新的传播形式。比如维他柠檬茶采用全新黑科技打造的 DJ 音乐台包装设计，运用现下流行的技术，持续内容输出，塑造维他品牌潮感形象，有效地再造了传统品牌的新活力，也拓展了包装设计的功能外延和品牌的文化外延。

广告是一种与传播载体、传播形式、传播渠道紧密关联的信息传达，深刻镌刻着上述信息传达因素的文化烙印。报纸杂志广告传递的是世代相传的浓浓油墨香味下的文字图案，广播广告传达的是特质声音文化，电视广告表达的是声画像立体展现文化，户外广告则将博大宽广、虚怀若谷尽显无遗，智能包装广告则是包装材料文化、包装绿色文化（绿色品牌，绿色创意，绿色材料，绿色运输，绿色循环，绿色营销等）、包装关怀文化（呵护物件，呵护产品，呵护温情，呵护联系）、包装亲民文化（就地取材，奢俭由人，量身度造，地域特色，亲情联想）、包装礼仪文化（画龙点睛，润物无声，礼义其中，情真意切）和收藏传承文化（器物创意，器物材质，器物收藏，器物传承，器物展示）的立体映现。

（一）包装材料文化。最原始时期就地取材的树叶包装、藤蔓包装，传输的是一种天然质朴文化气质，以至于千万年过去人们还时时怀念使用原始材质作为包装器具，竹篓竹篮等竹制器具应用于各种包装，瞬间唤醒人们久远的浓浓乡情，木桶木碗石槽粽叶等原生态包装器物，看到的是先人先祖的影子，使用的是朴实无华的质感，回味的是绵长悠远的淳朴真情。

（二）包装关怀文化。包装意味着一分对物品物件的关爱呵护，传递着制造商、生产者对每一件物品母爱一般的温情，每一件包装就似张开双翼、张开双臂的母体，守护着巢穴关切着巢穴内的每一个生灵，生怕磕着、碰着、挤着、晒着，真真切切，无微不至。包装又是一根联系制造商、生产商及沿途运输公司与使用者、消费者的纽带，宣示着每一个连环之间承上启下的细微精深之处，承载着丝丝入扣的即时联络、即时沟通。

（三）包装亲民文化。包装体现着亲情联想，传载着亲人之间、爱人之间、民众之间的情感情节，“睹物思情”，第一时间映入眼帘的是包装的式样、包装的大小尺寸、包装的颜色、包装的质地等包装外观。挚爱亲朋眼中的包装是“家书抵万金”一样的情节，长幼尊卑之间则更讲究更看重包装代表的尊重程度、重视程度；就地取材的包装饱蘸着浓郁的乡土气息，瞬刻会勾思起忽远忽近的少时玩耍场面；奢俭由人的包装能够抚今追昔，串联当年岁月艰辛；嵌入地域特色并量身打造的包装，勾连起远近城乡喧闹僻壤，联系起处处为他人的情怀，是亲民文化的全面显现。

二、凸显包装特质

智能包装广告包括外部包装广告、贴身包装广告、空间包装广告、想象包装广告和另类包装广告等几种不同包装类型的广告形式，每一种智能包装广告都可以寻觅到与报纸杂志广告、广播广告、电视广告、网络广告、弹幕广告、户外广告等不一样的广告特质，即与包装文化、包装材料、包装创意息息相关的包装气息浓郁的广告。

（一）外部包装广告。外部包装广告是一种一目了然的特殊艺术传达形式，具有独特个性、趣味显著的包装创意设计，与包装器物内部的产品时刻保持着天然联系，能够在面对琳琅满目仪态万方的商品信息传播时脱颖而出为消费者所熟记。外部包装广告常见而又朴素，无需在精度考察广告市场基础上精密筹划，是一种唯有包装行业特定独有的广告类别。外部包装广告大多数情况相当于“买一赠一”，对广告客户而言没有额外的广告成本和开支，也没有其他常规广告（包括其他包装广告）所必需的创意设计排版制作时间等一系列一连串的广告周期，是一种非常应急应景的广告形式。外部包装广告瞄准包装器物送达对象包装器物使用人群，是一种精准送达精准服务精准人群精准时段的精准广告。外部包装广告没有额外的广告成本，相当于“买一赠一”赠品广告，简单易于操作，而且广告投放周期较短，可谓是一种非常应急应景的凸显包装特质的广告形式。

（二）贴身包装广告。贴身包装广告是充分运用产品器型器具所裸露展现的外部界面，以其独特造型、独特材质、独特装饰、独特文字图画、独特 LOGO、独特色泽来张扬产品形象的特殊包装广告，广告的包装气质与生俱来，产品气质与广告表达相互映衬相得益彰。可口可乐变换的时尚炫彩瓶身、路易十三人头马轩尼诗马地利沃特加等水晶造型酒瓶、劳斯莱斯宾利奔驰宝马沃尔沃等独特车型及配饰的独特色泽，随处闪耀着无与伦比的包装广告光辉，是包装材料包装颜色别致造型与产品 LOGO 等广告元素的和谐臻逸。

部分消费者即是因为对酒瓶、酒具、可乐瓶等贴身包装爱不释手，被“牵引”着成了这类产品永远的顾客。一批老爷车玩主对经典名车的车型色彩情有独钟，倾注毕生精力乐此不疲，也是贴身包装广告的功能体现。

（三）空间包装广告与想象包装广告同样洋溢着包装材质的氤氲，会议论坛住所演播厅及展览馆博物馆的建筑外形建筑颜色建筑气质，与论坛主题展会主题博物馆主题都是精雕细琢的结晶，是一种特定形象特定造型特定气质的材料集合体，特定材料特定风格渲染出特定宣传主题特定广告主题。沿袭数千年的圩场集市，看似是应天时地利人和的历史沉淀的场合选择，实则蕴含着地理位置、街景环境、山水气韵乃至夹杂乡间俚语等整体形象宣传的无声无息集汇，是一种依型依势依人的山水屋桥人街舍交易物交易声等交织在一起的有形无形材料展示。想象包装广告超离了传统概念的真材实料，是现代科技凭空创造出来的虚幻“声光电材料”，在人工智能技术导演下，变幻出光怪陆离的场景造型文字造型广告图案造型建筑标志造型城市景观造型，完全可以将天体湖海江河山川随心所欲变成广告天堂。

三、扩大广告范畴

依据“百度百科”的广告分类，现在的广告属地属性根据选用的媒体不同，可分为报纸广告、杂志广告、印刷广告、广播广告、电视广告、交通广告、电话广告、邮寄广告、路牌广告、霓虹灯广告、橱窗广告、包装广告和气球广告等，貌似无所不包，实则遗漏众多而且交叉重叠。第一不应该遗漏的是短信广告、网站广告、电子邮件广告、微信广告、弹幕广告等“电信广告”，这是当下足可以与报纸广告、杂志广告、广播广告、电视广告等传统媒体广告相媲美甚至很多时候其广告传播影响力远远超越传统媒体广告的新型广告。报纸广告、杂志广告都属于印刷广告，或可称之为“纸媒广告”，且邮寄广告大多数也属于印刷广告，报纸广告、杂志广告和印刷广告不可交混在一起。路牌广告、霓虹灯广告、橱窗广告也同样存在着重叠混杂的问题，路牌广告需要霓虹灯映射，橱窗广告需要霓虹灯环绕装点，山体广告、建筑物广告、气球广告和地铁隧道广告等，也无一例外需要霓虹灯照耀点缀闪烁。

（一）突出包装广告的专属位置，将其与报纸广告、杂志广告、广播广告、电视广告、电影广告等传统媒体广告及新型电信广告一起放在显赫位置。国家市场监管总局要开辟专门对接通道，管理与服务好包装广告，引导和开发更广阔的智能包装广告市场。中国包装联合会（国家包装总公司）应该专门设置包装广告管理机构，召开包装广告业务推进学术论坛，出台相应政策法规，引导和鼓励传统包装公司（特别是大规模集团化包装公司）扩大经营范围，开发广告业务，壮大公司产业实力。

（二）传统广告公司（特别是4A广告公司）要充分重视包装广告尤其是智能包装广告在广告业务范畴中的特殊地位与独特身价，从传统包装行业发掘广告人才，并且着手培养和发现包装广告、智能包装广告专业人才，为全面开展相关业务做好人才储备。

传统广告公司同时还需要打通既有大众媒体广告、户外广告、网络新媒体广告等与包装广告、智能包装广告的技术衔接、业务衔接、管理衔接，使包装广告、智能包装广告业务全面融入既有的广告业务之中。

（三）传统大众传播机构、新媒体传播机构要为包装广告、智能包装广告“鼓与呼”，“包装即广告，广告即包装”通过新闻传播的力量深入人心，通过舆论阵地大力树立包装广告、智能包装广告应有的品牌形象。适时邀请职能部门行政官员、广告行业专业专家学者走进演播厅编辑部，共话包装广告、智能包装广告业务发展大计。地方政府在产业谋篇布局方面统筹包装与广告的协调发展，为包装产业与广告产业融合发展，壮大包装广告、智能包装广告业务做好政策导向和专项服务。

四、创新商业模式

智能包装广告实现了人、商品与场景的交互，从而推动了线上与线下世界的联结，而移动互联网、物联网与大数据技术的不断更新迭代，也赋予了智能包装广告多种传播方式与应用场景，并融入了不同形式的互动模式，从而促进了消费市场与用户的对接，创新了现有商业模式。

（一）基于智能包装的技术特征而创新的商业模式。智能包装广告使人机交互沟通更为便捷，呈现出物联的技术特性，通过集成射频识别技术（RFID）与智能包装，客户依靠相应的设备，就可以轻易获取产品的数据信息。在信息技术的支持下，尤其是具备NFC功能的手机及智能终端的出现，使感应、识别商品，跟踪商品的生产、运输、仓储流程以及商品的质量变化等成为可能，在对商品全面了解的基础上做出购买的决策并进行网络支付。如“无人超市”就是在包装上添加了相应的芯片来实现商品生产、广告、销售以及仓储管理的智能化，从而建立起新的营利模式。

（二）通过创新应用的场景来获取营利的机会。智能包装广告吸引用户购买与消费商品，不仅仅是需要精准地击中市场及消费者的个性化需求，还需要考虑到其使用的场景与体验，从而创造更高的价值。在广告同质化竞争激烈的环境下，运用各种新的信息技术与包装材料来创造新的广告场景和需求，从而创造销售的可能与机会。通过智能化包装广告，每个商品都可能成为向用户提供社交媒介的入口，从而激发场景与用户的融合。比如通过智能包装广告，让商品包装成为可以承载用户心情的载体，用户可以添加自己想说的话，可以与朋友分享图片，包装因此而超越了传统包装的功能，具备了情感与“身份”的社交中介属性，而收到商品的用户也以同样的方式来解读包装传递的信息，商品因此具备了人情味，而品牌也从硬变软，更容易为公众所接受。前面所说的互动游戏等，大多是通过智能包装上的广告信息，吸引用户参与游戏并在社交圈与朋友进行共享，从而实现涟漪式的传播，让更多的人参与到游戏中，而这种游戏与分享的需求创造了更大的市场。

五、壮大广告产业

包装广告、智能包装广告堂而皇之加盟到广告阵营之中，吸引到更多包装行业专属人才改弦易张，成为包装广告人才、智能包装广告人才，轻车熟路开辟出前景广阔的新兴广告产业，扩张了广告产业的势力范围，壮大了广告产业规模。

（一）包装广告产业蕴藏着无尽宝藏。外部包装广告、贴身包装广告、空间包装广告、想象包装广告和另类包装广告等各种各类智能包装广告，大多数处于“犹抱琵琶半遮面”的状态，大量的广告产品有待开发，大批量的广告创意有待在包装材料、包装器具、包装建筑、包装山体、包装城市、包装空间等与包装相关联的场域全面舒展、全面应用，将想象力演化成广告产业生产力。外部包装广告与贴身包装广告的结合，还大有潜力可挖，以会展包装广告为代表的空间包装广告，基本上属于未曾开垦的广告蓝海，集萃了3D裸眼技术、AR技术、VR技术并且与4K高清、8K高清、超高清视频展现浑然一体的想象包装广告和另类包装广告大幕初启，整个智能包装广告产业的无尽宝藏等着广告智者、广告仁人志士进一步挖掘。

（二）智能包装广告代表着未来广告产业发展方向。5G赋能三大应用场景在包装广告演变成无穷尽的智能包装广告产品应用，释放出包装广告的更丰富产业能量。人工智能技术将各种不同类型的广告应用有序衔接在一起，实现了广告创意共享、广告设计共享、广告技术共享、广告管理共享，避免了广告行业内部的无序竞争，达到了各种广告资源利益最大化，广告传播渠道最优化，广告传播形式最优化，为产业链不断延展、不断丰富、不断壮大打下了坚实基础。

（三）人工智能与现代广告行业的无缝对接，可以将包装广告产业与传统媒体广告产业、电信媒体广告产业、户外广告产业、地铁隧道广告产业、天体广告产业、星空广告产业等一起构建成为一个智能时代特色鲜明的超大体量广告产业，而且携带着人工智能气质的新新一代广告人才正随着广告产业壮大而迅速成长，为下一阶段蓄势待发进入到更大规模、更大势能的广告扩张时代积蓄力量。

此外，智能包装广告还可以智能化信息，实现精准营销。智能包装广告依靠射频条、二维码等方式，实现信息的传播与用户关系的激活。凭借先进的信息技术，产品包装实现了数字化和可视化，使包装变成真正的自媒体和万物互联的载体。在传播有关产品的信息、与用户进行互动的同时，也在实现对用户使用数据与对产品质量的评价、对服务流程的跟踪以及对广告效果的监测，实现用户大数据采集和应用。

依托大数据技术与人工智能反馈与收集的数据，一方面，可以监测市场活动、产品动态、分布状况、落地消化等行为，营销商在后台可以通过产品的相关数据及时了解并全程监控产品生产、流通、销售与购买等情况，及时制订市场投放策略，以便更好地适应市场的变化。另一方面，通过用户对产品的使用与对互动游戏的参与，可以用来对消费者特点、所在区域、购买偏好、消费结构、购买频率等行为进行标签和用户画像，让营销商更进一步了解某类产品的用户兴趣、偏好、阶层以及行为特征，进一步预测顾客购物偏好，对产品定位以及广告的改进有着非常重要的意义，为企业提供了营销决策依据。不仅如此，从企业的角度来看，通过大数据，智能包装广告应用可以实现数字营销、品牌传播等一系列需求，让产品管理更高效，从而实现库存管理的优化、物流包装的升级以及客户服务与产品设计的从任务驱动模式转向数据驱动模式，推动企业营销工作的智能化管理。

第四节　特　点

智能包装广告继承了大众媒体广告、户外广告、网络新媒体广告等功能基因，印刻着包装材料、包装器物特有的广告特征，叠加着人工智能技术的创新创意气质，主要体现在与既往广告不同的科技嵌入、生动鲜活、创意灵动和时尚新潮等特点。

一、科技嵌入

智能包装广告经历了远古包装、传统包装、现代包装的时代变迁，印刻着一个个技术进步、技术创新与包装行业、包装广告行业的发展轨迹，科技嵌入让包装广告一步步从幕后走向前台，从“广告配角”变成“广告主角”。人类智慧闪光、技术进步，开发出更多样、更结实、更美观、更实用的包装材料、包装机械，催发出灵光闪现的包装艺术，衍生出更多更广的包装内容，组合变异出包装与广告的鲜明重叠交织，带来了远古时代所不具备的“包装”作为。传统包装时期的广告动因“蠢蠢欲动”，传统包装时期的广告创意灵光乍现，广告艺术杂糅着广告样式时刻闪现，传统包装时期的广告价值、广告效果引发越来越多的共鸣和认同。5G与人工智能技术联手行动，焕发了包装广告的内在广告动能、广告势能，统联了各种各类广告的传统优势，塑造了智能包装广告在新时期的特定形象地位。

（一）石器、铁器、青铜器工具的使用及陶器的发明，极大丰富了包装广告的内容。人类学会捡拾石头用于击打猛兽、驱散毒蛇或获取食物或自卫自保，也逐渐开始使用石器、改变石块形状、改变树枝形状，来盛放更多物品，在就地挑选天然材料作为包装器具的基础上，开启了人类发挥主观能动性在包装材料、包装器型方面的更大作为。随着石器时代、陶器时代、青铜器时代的到来，人类对石器、陶器、青铜器的研制不断创造、不断创新、不断改进，为包装广告展开了更多的想象空间。在传统包装时期，石器制品、陶瓷制品和金属制品更多成为包装材料。这类硬质地的经过人类加工演化的包装器物，形态多样，大小各异，基本上按照生活起居、远途运送、长期保存的要求进行设计制作，不仅盛放东西更为方便，避光性、保密性更好，而且能够抗腐蚀易封存。尤为重要的是，器物材质、器物外形更加注重“表里如一”——即包装与内容的统一，讲究艺术造型、追求外观感觉。造纸术、印刷术的发明和有机结合，加上诗书画印等传统文化艺术的运用，促进了包装印刷技术的发展，包装广告的传播效应更为显著。[①]

（二）现代化大机器应用激发出包装广告的生命活力。印刷技术的发明和造纸业的发达，为包装广告插上了腾飞翅膀。随着机制木箱、长网造纸机、镀锡金属罐、瓦楞纸、制袋机、合成塑料袋（赛璐珞）和纸箱等包装产品、包装材料、包装机器相继涌现，电子技术、激光技术、微波技术广泛应用于包装工业，聚乙烯材料、隔热保温纸材料、玻璃铝箔、塑料及其他复合材料等包装材料被广泛应用，在极大推动包装工业发展的同时，也为现代包装科技、现代包装创意、现代包装艺术、现代包装广告等的叠加交织穿插一体化发展创造了条件。

（三）人工智能技术在5G的支撑下释放出智能包装广告的无穷生产力。5G网络激发了人工智能技术在包装广告领域的无穷活力，贯通了包装行业各个组织、各个系统、各个环节、各个渠道、各个触角，使得“包”与“装”“广”与“告”超高密度、超高精度熔于一炉，水到渠成为“智能包装广告”利益共同体、市场共同体、学术共同体，成为现代广告大军中异军突起并具有超级智慧、超级艺术、超级效能、超准反馈、超级环保的“五超”广告新锐。“5G技术＋人工智能”技术催生出前所未有的智能包装时代观念，越来越多的包装营销管理者和包装设计者开始清楚认识到包装的广告传播功能。智能包装广告讲求包装创意、包装设计、包装艺术和品牌形象、广告宣传的一致性，既追求包装材料、包装造型的独特

---

① 参见《中国古代传统包装之演变：环保、精巧、脑洞大开》，2017年6月12日，国搜头条，http://news.pack.cn/show-337950.html。

性和视觉冲击力，又注重与强调包装本身功能的有效发挥，还在某种程度上加强了包装材料、包装创意、包装设计、包装艺术作为广告宣传、广告传播作用的发挥，将包装本身作为产品信息最重要的载体功能，以及保护产品、美化商品、宣传商品的三大主体功能全面舒展到位。通过包装器物自身独有的赏心悦目的图案图形色彩装饰、广告文字动漫等展示演示标准器物内在产品的功能特性特征，实现精准有效的品牌定位，成为刺激消费者消费购买欲望，决定消费者购买动机行为的直接诱因。①

二、生动鲜活

智能包装广告辐射面广，广告材料层出不穷，广告器型五花八门，广告载体既可以就地取材又可以“无中生有”臆想臆造，广告色泽与产品品牌环环相扣、相映生辉，广告场景应运而生、按需生成，广告表现生动多元、鲜活亮丽，广告形式多种多样、应有尽有，组成活灵活现、丰富多彩的广告盛景。

（一）以色泽变化、形状变化展现广告的生动性。无论是普通大众包装器物上的广告，还是特殊要求专属定制的包装广告，完全可以根据广告客户需要，或以多种多样的色泽变化、色泽组合宣示广告品牌别致神韵，或以灵活多变的器型器物组合灵动印制广告、灵动发布广告。广告周期可长可短，随包装器物的广告一起送达的

① 参见韩晓燕、甄伟锋:《包装设计里的广告传播学!》，2017 年 4 月 6 日，设计智造，http://cocoo.top。

广告简洁快速，几天之内就可以进入消费市场。广告设计可奢可简，根据包装内容的身价及目标客户要求因人而异、因时而异、因事而异，将机动灵活特性最大限度得以舒展。广告价格可高可低，既有随着器物包装“买一赠一”分文不取，也有为高端广告客户“量体裁衣”式的精准设计、精准制造。

（二）以有型器物和无形器物的组合变换显示鲜活的广告场景。纸板箱、玻璃瓶、陶瓷瓶、金属瓶、金属罐以及会展中心、博物馆等建筑物，是有型器物包装广告的主要载体，这些有型器物依据广告客户的需求在灵光闪现的广告设计师智能化调配、调遣下，随时随地变幻出几何级排列组合，形成曼妙多姿的广告图景。人工智能导演的灯光舞美场景，则是无形器物广告的盛装配方，瞬间点亮有型器物广告的精彩画面，即时装饰有型器物广告的靓丽缤纷，即时放大有型器物广告的特写特点。有型器物广告的组合变化和无形器物广告的组合变换，以及有型器物广告和无形器物广告交织叠加的组合变换，将智能包装广告的生动鲜活特性蜕变升华到更高、更远、更广阔的新境界。

（三）从就地取材升级到“无中生有”臆想臆造就是智能包装广告生动鲜活的又一种体现方式。包装设计权威人士称，没有包装材料的进步，包装器型器物设计就是一句空话，包装广告创意自然无从找到着力点且无法实现。人工智能技术与现代包装材料、现代包装工艺的有机结合，开启了智能包装广告“无中生有”开发出无人飞机天幕广告、山体包装广告、地铁隧道包装广告和民航飞机航道广告等从未有过的广告表现形式，创造出广告商家所需求的任何文字、任何图案、任何造型。

三、创意灵动

智能包装广告讲究灵感创造一切，追求创意充斥在广告空间中，无论是广告载体、广告形式、广告内容，还是广告推广和广告反馈，都是创意灵动的系列写照，都是人类智能与机器智能联手协作的合体作品。

（一）智能包装广告大量源自即时灵感。智能包装广告是想象力广告，就是创意灵动在包装器物上的集中展示。从不同包装时代的包装材料选择与组合，从包装颜色、包装形状等包装工艺的逐渐改进与颠覆性创新，以及一件件包装设计与广告创作的合体作品，一个个包装广告匠心独运、曲径通幽的鲜活事例，体现着包装达人厚积薄发的灵感激发，或是广告人独出心裁的灵光闪现、嫁接移植，是人类智慧的瞬间写意与代代相传。为了赢得更多的读者市场份额，世界各国的报纸“包装广告”时可见闻，既有着形状改变、颜色抉择、厚薄取舍甚至香味融透等五花八门的包装创意设计，更有被逼无奈“将包装盒变日报”“《每日新闻》变身报纸瓶”的挥洒创意。日本《每日新闻》标新立异将报纸变成饮料瓶的包装杀进超市并半价销售，一下引发了购买热潮。

（二）智能包装广告创意不完全是专业设计人员一手承办。与传统广告承接、预发布不同的是，智能包装广告的设计创意有时候来自于包装工匠，他们长期接触包装材料、包装器物，对全域包装的各个要件了然于胸，随时随处的妙笔生花就成就了经典广告。早期简单的包装广告很多都属于“来料加工”，基本上将广告客户设计好的文字图片、产品简介、联系地址、电话“复制”到包装器型器物上面即可，完全谈不上有专业广告人员参与。现代包装广告大多数是包装公司的“杰作”，他们在包装器物上“画龙点睛”更能契合包装广告的内在神韵，他们对包装器型“神功鬼凿”无意间就铸就了一个广告传奇，他们为包装器物包装器型“妙笔生花”涂鸦上广告主体元色素、系列组合广告元色素就将广告内容刻画得淋漓尽致。包装工匠与广告专业设计人员珠联璧合，挥洒出智能包装广告灵动创意的至臻至美。

（三）智能包装广告正在逐渐开发智能机器人的想象力。进入到 5G 赋能的智能化时代，人工智能参与到包装广告的几率越来越高，渗透程度更加深入，应用范围更加广泛，智能包装广告因此有了更多元、多样、多彩的智能化元素。如果说日本“《每日新闻》变身报纸瓶”广告写意清新真切，“《每日新闻》变成饮料瓶”引发热销是人脑智慧的创意灵动，那么，为了保证《每日新闻》饮料瓶身携带的新闻的资讯更新效率，《每日新闻》先后推出了 31 款“报纸瓶”包装，同时在瓶身上还印上了二维码，则是人工智能技术在包装广告的更大作为与担当。用户可以通过扫描二维码，在手机端读到最新新闻，在几乎每一个零售超市都引发了这款“报纸瓶”销售热潮。这样一个非凡创意，既挽救了传统的纸质报纸《每日新闻》，又将用户引向了移动端，将传统报纸的读者引向了年轻一代，真可谓“一箭双雕”。

四、时尚新潮

智能包装广告是从早期最为原始最为质朴的广告包装中挖掘出广告元素的，在传统包装时期、现代包装时期逐渐放大了广告内因，发展为包装广告，在人工智能技术推进下演变为富有新时代气息的新潮广告业态，自然而然贴上了时尚浪漫的标签。

（一）新新技术的时尚性。智能包装广告是5G时代人工智能技术在包装广告领域的伟大实践。5G技术、5G网络激活了人工智能技术，5G时代的人工智能技术得以在包括现代包装在内各个领域全面商用化、实用化。从某种意义上说，正是5G时代并唯有5G时代的到来，包装与广告的结缘衍化才实现了真正意义的“天衣无缝”，才迎来了具有实质意义的无处不在的智能包装广告应用与发展。5G技术逐渐激发了人工智能技术在包装广告领域的无穷活力，贯通了包装行业各个组织、各个系统、各个环节、各个渠道、各个触角，使得“包”与“装”“广”与“告”超高密度、超高精度熔于一炉，水到渠成为“智能包装广告”利益共同体、市场共同体、学术共同体，成为现代广告大军中异军突起并具有超级智慧、超级艺术、超级效能、超准反馈、超级环保的“五超”广告新锐。

（二）新新创意的时尚性。智能包装广告是包装材料、包装创意、艺术表达和广告营销的完美结合。合适的包装材料遇上石破天惊的包装思想、包装创意、包装设计，在人工智能技术导引下，成就了智能包装广告新颖度、艺术性、美观性、实用性和营销性的完美表达，汇聚成当下广告业界的一道亮丽的广告时尚风景。随着智能包装广告的宣传效果、传播效果得以全面展现，广告属性在整个包装体系中占据着越来越多、越来越高的地位，广告价值得以全面释放。

（三）新新营销的时尚性。“5G 技术 + 人工智能技术”催生出前所未有的智能包装时代观念，越来越多的包装营销管理者和包装设计者开始清楚认识到包装的广告传播功能，讲求包装创意、包装设计、包装艺术和品牌形象、广告宣传的一致性，既追求包装材料、包装造型的独特性和视觉冲击力，又注重与强调包装本身功能的有效发挥，既弱化了过度包装使消费者产生反感的心理，又在某种程度上加强了包装材料、包装创意、包装设计、包装艺术作为广告宣传、广告传播作用的发挥。在实际的包装设计和包装管理中，把包装创意活动、包装设计和广告活动、营销活动结合，进行立体考虑，把包装固有的传播载体、资源充分地加以利用，有机地链接了包装设计和广告传播活动，充分发挥出包装广告资源的效应和价值。

第二章
演进历程

在盘古开天地、刀耕火种的原始社会，在人类农耕、渔猎繁衍生息过程中，创造出突发奇想、就地取材的“实用包装”。随着农耕器具的衍化，石刻技术、造纸技术、印刷技术、铸造技术等的陆续诞生，“美化包装”诉求逐渐显现出来，“实用包装”与“美化包装”交织混杂在一起，“包装广告”现实实践初露端倪。现代科学技术日益发达，更专业化的包装机械为现代包装插上了“更高端、更全面、更新潮、更时尚、更精细”发展腾飞的翅膀，包装材料、包装设计、包装艺术都在各方面烘托着“包装广告”日趋发达、日趋丰满并日益成熟。紧随现代社会对产品包装、服务包装的多方面、高标准需求与日俱增的脚步，“包装”一词越来越超出最早期的基本范畴、基本要义、基本诉求，国家包装、城市包装、公司企业包装、产品商品包装、楼宇建筑包装、风景名胜包装、科技创新包装、传播媒体包装、生活服务包装、影视作品包装、演艺明星包装以及各种人物包装、各类事件包装等层出不穷，不仅包装需求越来越活跃，包装属地越来越广阔，并且包装愿望越来越强烈。当下的“包装”彻底突破了既往的“包装”边界，包装策划、包装创意、包装广告、包装营销的色彩益发鲜明。5G 网络的铺展和人工智能技术的无缝融入，现代包装正随着人类的进化、商品的出现、生产的发展和科学技术的进步发生一次次重大突破，并且“脱胎换骨”，形成一种赏心悦目、纵横捭阖的全新广告业态，智能包装广告时代正在呼啸而来。

科学考察智能包装广告的演进历程，可以从包装发展的大致经历看出一些端倪。原始包装、传统包装、现代包装和智能包装四个发展阶段，每一个阶段都暗合着“广告”的踪影。即使是原始包装时期，也镌刻着“广告”的烙印。随着原始包装、传统包装、现代包装和智能包装的次第演进，包装策划、包装创意、包装设计、包装艺术、包装文化、包装传播、包装营销逐步成为包装不可或缺的重要环节，“包装 + 广告”或“广告 + 包装”密不可分，包装广告无论是理论概念研究与认知还是实际应用推广，正在全面广泛登上大雅之堂，人工智能技术潜入渗透的包装广告正以一种全新姿态、勃发势头融入包装行业、广告行业以及人们日常生活的方方面面。

第一节 原始包装广告

古老时期的原始包装，是人类顺天承运、适者生存的杰作。远古时代的包装，就是简单的“包”与“装”的合体，透露出人类包装的广告意识、广告智慧、广告思想。人类为了获取更大生存空间，充分发挥聪明智慧，因地制宜采用身边的各种天然材料用于盛放东西，用树藤枝蔓捆扎物品，以宽大的箬叶（粽叶）、芭蕉叶、荷叶等包裹器物，也选择合适的石块、竹木、根兜、贝壳等作为盛水、盛食品的器物，显示出人类谋求更大私有物品、保存更多食品的延展愿望。人类使用不同材质、捆扎的不同形状样式以及不同的打结方式，并打刻深浅大小不一的印记标识等，显示器物“属于”不同的人群对象，说明有了部分“广而告之”的迹象。

一、“包”之广告蕴含

远古时代的原始包装，经历了由“包”向“装”演进再融化、融合成“包装”一体化过程。透视远古时代原始包装时期“包”之广告蕴含，打开“包”与“广告”的联系通道，深刻分析“包广告”的内核精髓，原始包装时期的广告蕴含由此揭开神秘面纱，这也是原始包装广告的视觉起点。

（一）“包”的大小宣示包裹归属，也能够大致显示物品类别，原生态广告意义可见一斑。原始包装时期“包”的大小，受制于人类居住环境周边所能采集到的天然树叶或者狩猎过程中剥制晒干的鱼皮、兽皮等片状、叶状物品大小。“包”的大小还可以向族群、向异族群显示个人智慧和个人能力，只有胆识超群、力量出众并且心灵手巧的造“包”者，才能够捕获到大片树叶、大张兽皮、大张鱼皮，才能够凭这些他人获取不到的原材料制造出容量更多、形状更大的“优质包”，才能够依靠“优质包”携带储藏更多物品、更多食品养活更多“家人”。这种以“包”的大小外溢而出的广告效应，会吸引到异性、配偶高度注意，“优质包”制造者“登高而呼”就可能应者云集。

（二）“包”的形状与摆存位置告知物品属性。如果说“包”的大小取决于驻地附近的原材料选择，宣传的是胆识魄力体能力量，那么，“包”的形状与“包”配套而生的“节”“捆”图案及联合出彩的“个性包”模样，展示的则更多是智慧才情、筹划谋略。“包”的形状制作首先需要合理取舍，根据包装内容的形状重量充分考量“包”的整体承受力。在确保包裹物品的基础上，艺术细胞发达手脚灵活的先人，就会动起心思怎样才能够制造出赏心悦目别出心裁的“个性包”，一方面可以展示个人才艺，另一方面又因为制作的个性化“包”的形状方便区别。在精心制作的各种形形色色“爱情包”“个性包”基础上，搭配上个人喜爱的类似蝴蝶结，将才情在“节”“捆”“包”上肆意张扬。

（三）“包”的摆存位置选择，不仅利于分辨物品类别与物品归属，而且反映着“靠山吃山”“择水而居”时摆存不同的“包”、不同物品时会考虑合适合理的方向与位置。“包”的大小形状以及与“包”配套的“节”“捆”，有时候因为材料相同颜色一样，不细看时难于分辨，就需要在“包”的摆存位置与摆存方向上做文章。头领的“包”往往会放在最醒目的位置，其余的则按尊卑等级依次摆放。为了更加方便区分开每个人的“包”，还会将“包”放置于大树下挂在树枝上或摆在大石头旁，同时挑选标志物和“包”放在一起。

二、“装”之广告蕴含

原始包装随着人类心智的开启进化，人类不仅学会了就地取材，使用原生态材料包裹物品、捆扎器物，也开始凭借各种各类手工艺技术逐渐开发应用，绵软舒展的叶状片状“包”与更加硬实稳固能够盛屯各种固化流体食品的“装”共同出现在远古时期。这类比起“包”来“装”的特征功能更为显著的器物，用来盛放东西更加结实便利，广告气味也更加浓郁。随着“包”与“装”的功能共同发展并进，“包”广告慢慢进入了“装”广告时期，并且在一定时间、一定状况下不约而同实现了“包”“装”合体，“包装广告”合体。

（一）“装”的材质差异“广而告之”了“装”的内容归属。这一时期，树叶类型及大小尺寸、兽皮鱼皮等原始材料逐渐与石制容器、木质容器、泥坯土坯容器同时出现在生活空间，包装材料、包装器物一天天丰富起来。“装”的材质差异为先人获取储存转移更多食物提供了先决条件，也对分辨每一个人的专属物品提出了更高要求。石制容器、木质容器、泥坯土坯容器等相对硬朗耐用的“装”容器，在盛放流质食品时具有更便利优势，也为区分更加缤纷多样的“包”与“装”的内容归属划定了约定俗成的界限。

（二）“装”的器物器型公开了“知识产权”，反映着有别于其他个体的独立特质，表明了所有者的身份地位。在简单的“包”时代，同时摆放在一起的很多东西往往都是同一种材质、同一种颜色，“广而告之”的主要内涵无非是“包”形状大小及“节”“捆”

个性表现。进入到“装”时期及“包”与“装”重叠时期，“装”的器物器型有了更多“创造性印记”，在石制容器、木质容器、泥坯土坯等各种各类器型器物上无不昭示着个性化的创造意识、创造能力、创造水平，更能公开权属者的“知识产权”，“装”时期的广告意识逐渐唤醒，广告意义比起“包”时期更显重要。

（三）“装”的大小轻重厚薄，既区分着“装”的内容物多少，也体现着“装”的内容物重要性级别差。“装”的石材、土材、木材、竹材等原材料一目了然，其大小、轻重、厚薄比起“包”来更为清晰化，为明确区隔“装”里面的内容物品重要性差异、等级差异、急缓差异变得简单明了，再也无须像打开“包”里面的东西才能够确认。如果在“装”的上面再外衬外包，其“装”的内容重要性更为确定，“装”的拥有者在族群中的等级自然更高。

三、“包装”之广告蕴含

“包”与“装”合二为一在很多时候很多场合进化为“包装”，是人类文明进步的自然进步，是人类主观能动性逐渐苏醒、逐渐开发的标志之一。人类学会了钻木取火钻石取火之后，不仅用于取暖驱寒烧烤各种生冷食物，大大改进了生活条件、食物结构、拓展了生存空间，还过渡到用于夜间照明、圈定区隔生活属地并驱吓毒蛇猛兽，而且在包装领域大大派上了用场，是原始包装时期包装合体的重要生产力，为进入到下一阶段传统包装广告时期创造了物质条件，打下了基础。

（一）树叶兽皮鱼皮等叶状片状包装物可以通过简单的火焰烧制，轻而易举、随心所欲演化出各种各样的大小形状，这是“包”时期在人类发现火、发明火、创造火、应用火之后的升级版，是人类主动改造自然世界的探索性实践，是人类智慧在原始包装时期的开创性行动。经过烈火烧制，“包”的辨识度更高，外观感更唯美，携带更便利，实用性更强，由此原本简简单单的“包”与简简单单的“装”水到渠成为功能一体的“包装”。

（二）在人类脑细胞日益发达、手脚日益灵活的背景下，经过烈火烧造的木质包装器物，也可以变幻出形状大小各异的包装制造工具，借助棍棒石器打刻创造出一件件更高级的包装作品。一般认为，树叶兽皮鱼皮等叶状片状包装物在火的烈焰下“凤凰涅槃”只是包装合体的初始作品即初始阶段，借助火的威力，树枝更容易变化为长短大小各异的棍棒，不仅可以吓跑猛禽猛兽，还可以打刻创造出一件件石器包装作品。而经过烈火烧造的各种各类木质器物，经过烈火锻造烈火冶炼而成的泥制品，可谓是下一阶段陶器应用的肇始原型，也为即将到来的铁器时代、青铜器时代开始了实质性摸索。

第二节　传统包装广告

经过千万年的人类进化，从原始包装时代进入了传统包装时代。在传统包装时期，包装材料已经逐渐从原生态树皮树叶兽皮鱼皮、石块树干兽骨鹿角贝壳等就地取材，发展到承载着人类智慧技术发展进步的古代文化作品。随着石器时代、陶器时代、青铜器时代的到来，人类对石器、陶器、青铜器的研制不断创造、不断创新、不断改进，为传统包装插上飞跃翅膀。人类智慧闪光技术进步，开发出更多样、更结实、更美观、更实用的包装材料，催发出灵光闪现的包装艺术，衍生出更多更广的包装内容，组合变异出包装与广告的鲜明重叠交织，带来了远古时代所不具备的“包装”作为，传统包装时期的广告动因“蠢蠢欲动”，传统包装时期的广告创意灵光乍现，广告艺术杂糅着广告样式时刻闪现，传统包装时期的广告价值、广告效果越来越引发更多共鸣和更多认同。

在传统包装时期，石器制品、陶瓷制品和金属制品更多成为包装材料。这类硬质地的经过人类加工演化的包装器物，形态多样，大小各异，基本上按照生活起居、远途运送、长期保存的要求进行设计制作，不仅盛放东西更为方便，避光性能保密性能更好，而且能够抗腐蚀、易封存。尤为重要的是，器物材质器物外形更加注重“表里如一”——即包装与内容的统一，讲究艺术造型，追求外观感觉。造纸术、印刷术的发明并有机结合，加上诗书画印等传统文化艺术的运用，促进了包装印刷技术的发展，包装广告的传播效应更为显著。①

① 参见《中国古代传统包装之演变：环保、精巧、脑洞大开》，2017 年 6 月 12 日，国搜头条，http://news.pack.cn/show-337950.html。

一、包装材料从原生态向新材料新工艺演变

原始包装广告时期的“包”材料、“装”材料及“包装”材料，基本上来自人类居住地及农耕涉猎附近的山上生的河边地里长的天然植物，或山上路边河道里大海边捡拾及经过打造的石头木头竹子贝壳类可以装盛东西的原始器物。进入到传统包装时代，铁器制造业、青铜器制造业、陶瓷器制造业陆续发达起来，包装材料变得丰富多样，为包装广告的印制、雕刻打下了较好的物质基础。造纸术、印刷术的发明应用，是人类文明的重要里程碑，更对包装广告创建更大更高更远的展示舞台具有跨时代的意义。

（一）天然包装材料与新包装材料共荣共存。这一时期，原始包装时期的树叶兽皮鱼皮贝壳等依然还是传统包装时期的常备之物，石器器物、木质竹质器物依然很受欢迎，凝聚着人类进化智慧的新包装器物各领风骚，铁器器物精美结实，青铜器器物返璞归真，陶器瓷器器物延承古今泥土芳香，纸制品包装拆构简单方便实用，为包装广告图画写意腾挪出更为宽广的着陆时空。

（二）能工巧匠开始施展包装广告拳脚。天然包装材料与新包装材料共荣共存，为包装广告逐渐推进推广提供了物质条件，具有包装情怀的包装艺人包装达人从此可以在天然包装材料与新新包装材料之间自由选择，而且为包装广告创意落实到各种各样包装材料包装器型器物上想象出无限可能，为下一阶段施展包装广告技艺预留出足够空间。传统包装时期的“节”和“捆”，无论是应用在原生态包装材料还是新新包装材料上，开始彻底挣脱原始包装时期简

单的“分辨”功能，更多的是个人技艺鲜明的装饰美化，使得包装的广告意味逐渐明晰。

（三）包装内容物趋向广泛多样。原始包装时期包装器物与传统包装时期包装器物的融汇交织，包装器物里面的内容更趋于广泛多样，除了人类赖以生存的粮食果实食物饮水种子饲料，更加大容量的石器器物、木质竹质器物及铁器制品、青铜器制品、陶瓷制品派上了更多用场，包装的储存功能、转运功能甚至保鲜功能、保温冷冻功能等陆续开发出来，包装器物的存放地点存放位置也从地面地表发展到了洞穴山沟及水下，存放保持的周期更加持久。

二、包装产品由手工制造向半机械化制造、机械化制造演变

树叶兽皮鱼皮等“包”及石器制品、木器制品、竹制品等“装”，都是人类手工技艺的杰作，而传统包装时期的铁器制造、青铜器制造、陶瓷器制造以及造纸业、印刷业，则是半机械化生产并一步步迈向全机械化生产的“机器作品”。包装产品的半机械化生产及至机械化生产，有利于包装广告承载体批量生产和包装广告的批量发布，有利于保证包装广告的时效性，也有利于包装广告淬变出更加多元多样的包装广告载体。

（一）包装广告产品从繁重的手工劳动中解放出来，释放出更多人脑空间专心于包装广告创意、包装广告设计，繁荣了包装广告产品市场。除了部分手工艺包装广告照样受到市场拥戴，更多的半

机械化、机械化包装广告生产取代了大量手工劳动力，人类从繁重乏味枯燥的工作环境中解脱出来，醉心于包装广告产品工艺的改进，挖掘出包装器物中更多的广告元件、广告元素，营造出更好的广告传达氛围。

（二）包装广告开始进入到批量生产，包装广告制作更加便利快捷，确保了广告作品内容传播无差别的整齐划一，也确保了广告发布的时间节奏。铁器包装器物、青铜器包装器物、陶器瓷器包装器物都是根据市场需求状况成批量产，消费者用户及广告客户目标群清晰准确，纸质包装广告的成批量制作成品率更高，广告内容表达完全可以实现无差别的整齐划一传播。经过半机械化、机械化生产的包装器物时间周期很恒定，确立了广告客户所设定的包装广告发布时间与发布节奏。

三、包装的广告色彩、广告工艺初见模样

以包装材料丰富包装产品为原点，以包装制造手段的半机械化机械化生产为动力，包装行业的广告元素渗透日渐增多，包装行业的广告工艺日益长进，包装广告的基本诉求由个体间的专属物品区分转移到包装内容物品的形象宣传，包装广告的“对外宣传”“对外广告”意识意图逐渐明确，“对外宣传”“对外广告”的色彩益发浓厚，广告工艺到达了新的境界，广告传播效果更有保障。

（一）包装广告的基本诉求由个体间的专属物品区分转移到包装内容物品的形象宣传。这就意味着“包装”之中潜伏多年的广告

因子正在一步步挣脱传统“束缚”悄然活跃、悄然释放，“包装”之中的广告元件、广告元素恰到好处镶嵌在包装器型、包装器物的合适时机、合适位置，并且伴随着整个包装物品一起宣示产品品牌、产品信息、产品影响力。包装广告已经不仅是人类为生存获取和保存食物的区分区隔标志，而是作为一种新的宣传工具、新的广告样态傲然于世，这是进入到传统包装时期以来包装广告在广告内涵方面质的飞跃。

（二）包装广告整体品牌价值更为突出，包装广告传播效果更有保障。随着人类更多智慧从包装广告单一单个产品制作投向更多更广的包装广告创意、包装广告设计，随着越来越多包装广告器物的不断涌现，包装广告的整体品牌价值逐渐显露，深藏在包装背后的广告元件广告元素从“隐性”走到“显性”，包装广告开始为更多人更多商户所重视所应用，包装广告的宣传效果得到了有力保障和后发支持。

第三节 现代包装广告

自 16 世纪以来，现代大工业生产的迅速发展，机制木箱、长网造纸机、镀锡金属罐、瓦楞纸、制袋机、合成塑料袋（赛璐珞）和瓦楞纸箱等包装产品、包装材料、包装机器相继涌现，是现代包装科技腾飞的源泉动力，也为现代包装广告、包装工业和包装科技的产生和建立奠定了基础。19 世纪的欧洲产业革命和 20 世纪新材料新技术的不断出现，电子技术、激光技术、微波技术广泛应用于包装工业，聚乙烯材料、隔热保温纸材料、玻璃铝箔、塑料及其他复合材料等包装材料被广泛应用，在极大推动包装工业发展的同时，也为现代包装科技、现代包装创意、现代包装艺术、现代包装广告等的叠加交织穿插一体化发展创造了条件。

一、包装机械助推包装广告繁荣

发展到现代包装广告时期，首先是大量包装机械的出现，大大简化了包装生产的整个流程，大大提高了包装产品包装广告产品的单位产能，为包装广告市场发展繁荣推波助澜。

（一）简化了工序流程。包装机械是随着新包装材料的出现和包装技术的不断革新而发展壮大的，特指能完成全部或部分产品和商品包装过程的专用机械设备，覆盖到包括充填、裹包、封口、清洗、堆码和拆卸以及计量或在包装件上盖印等主要工序流程，适应现代化大规模生产的需要。随着中国造纸术印刷术的发明，催生出1852年美国沃利发明出制纸袋机等纸制品机械。1861年，德国建立了世界上第一个包装机械厂，1890年，美国开始生产液体灌装机，20世纪初，英国的杜兰德采用金属容器包装食品。

（二）新材料与新技术加持发展。20世纪60年代以来，塑料包装材料大行其道，引发包装机械发生重大变革，加持推进包装广告提升到更高水平。随着装盒机、液体灌装机（压力灌装机/真空灌装机）、成型—充填—封口包装机应运而生，包装广告的创作涂刷变得更加轻而易举，为包装广告逐渐开始超离于“包装”并“自立门户”为“广告”创造了机缘。而超级市场的兴起和集装箱箱体尺寸标准化系列化，促使包装机械进一步完善和发展，助推着包装广告日益走向繁荣兴盛之路。

二、包装广告脱胎换骨自立门户

在现代包装时期，“包装”里的“广告”得以开发，而且产业价值日益放大。“包装即广告，广告即包装”这一新时代理念，不仅在包装材料制造、包装产品设计、包装艺术方面得以贯彻执行，在整个包装行业大行其道、大展身手，为包装广告剥离出包装行业融入广告行业积累了足够的市场资源，蓄积了大批的包装广告专业人才，与时俱进更新了包装概念和包装广告概念，包装广告的文化氛围、文化气质更加突出，包装广告文化内涵更为丰富。

（一）包装界的广告创意人才广告设计人才崭露头角。现代包装时期的包装广告，在很多时候不再是包装客户的“来料加工”，而是提出了更高的广告追求，包装广告在包装行业从“被动接单”复制涂鸦发展到了需要主动作为、主动担当的阶段，包装广告业务在有了明确的概念之时，对包装行业涉及广告创意、广告设计、广告发布的系列人员提出了更高要求，包装行业的广告创意人才、广告设计人才开始自成体系并崭露头角。在越来越多包装行业广告创意人才、广告设计人才、广告发布人才的共同参与和共同努力下，脱胎换骨并自立门户的包装广告渐成气候。

（二）包装广告的人文关怀文化表达与包装业务发展相得益彰。包装广告文化形式多样且宏大深厚，液体包装袋上的一个简单切口就是一种呵护，亚朵酒店专享的带有“洗”“护”“沐”字样的洗漱用品就是一种别致关怀，包装器物的盖子即折射出文化潜进万花筒，玄幻出关怀文化、精致文化、粗犷文化、仪式文化、礼尚文化、陈列文化、组合文化、藏传文化。包装广告的人文关怀，在小小酒瓶盖子上随时可以找到注脚。中国中高端白酒为了防伪，从外包装到瓶盖都采取“一次性”使用并毁坏，让不少对酒瓶收藏情有独钟的方家大呼“造孽”。瓶盖毁了、整个瓶子四分五裂哪有收藏价值呢？路易十三的酒瓶设计高端大气，其瓶盖的人文气质、人文关爱尤其讲究。为了开启瓶盖之后饮用方便，路易十三专门另配一个高端大气的水晶瓶盖。这种人文关怀，值得国内酒瓶包装界同行学习借鉴。

三、包装广告理论初露端倪

发展到现代包装时期的包装工业，有机吸收整合了包装产业系统工程的新材料、新技术和新工艺，自动化、科学化程度明显提高，涉及了物理、化学、生物、人文、艺术、传播、广告等学科，吸纳了上述不同学科领域的新理论、新观点、新思想、新创意，是多个学科群组的交叉并举。包装学科系统工程关照到商品保护、商品储存、商品运输、商品促销、商品仓储、商品交割等流通销售过程中的综合问题，切割分类为包装材料学、包装运输学、包装工艺学、包装设计学、包装管理学、包装经济学、包装装饰学、包装测试学、包装机械学、包装传播学和包装广告学等分支学科。正是在这样的背景下，更多仁人志士开始呼吁包装广告成为区别于包装学、广告学独立发展方向的时代价值。

（一）“包装即广告，广告即包装”得到更多认同，成为包装行业新时尚也为了广告行业新的业务腾挪拓展新视野，包装广告理论在包装理论界、广告理论界和新闻传播理论界得到了更多认同，并且引发出围绕“包装广告”为主题的新一轮理论创新思辨。在包装广告理论引领下，包装行业对于包装里的广告业务投射了更多关注，包装广告理论与包装广告实践在相互关照、相互联系、相互援引、相互烘托、相互映衬下，正朝着健康、科学、有序的方向奋力前行。

（二）包装广告理论吸引到新闻传播界、广告界、市场营销界乃至社会学界的广泛参与，陆续形成了包装广告创意、包装广告设计、包装广告制作、包装广告发布、包装广告文化、包装广告艺术、包装广告营销、包装广告管理、包装广告产业等门类齐全无所不包的新兴学科方向。正如一缕学术新风，包装广告理论随着包装行业壮大、广告行业发展转型而渐成气候，而且在技术创新、理论创新叠加溶入渗透基础上唤醒一大批青年才俊老少英雄积极加盟共谋新篇。

（三）包装广告理论研究仁者见仁、智者见智，研究成果视角各异、研究方法千变万化。20 世纪 70 年代，日本包装工作者加纳光发现了“包装里有深刻的广告原理”，惊叹“包装是免费的广告”。

国内学者研究认为，包装在传播本产品信息功能之外，包装本身也可以作为广告的载体，可以称之为“包装载体广告”。从当前各方面可以查阅到的大学科资料文献中，“包装”的“广告”意义基本上得到认同，从包装设计入手的“包装广告”“外包装广告”研究，可以散见到零星的研究成果，《包装设计的广告传播作用探析》《包装设计中图形的广告语境探析》《包装设计里的广告传播学》《一份漂亮独特的包装设计就能为品牌点睛》和《产品包装在广告传播媒介里的角色演绎》等学术论文，都是包装广告理论研究的标志性成就。

第四节 智能包装广告

时代的发展变迁和技术进步、社会进步，给现代包装植入了更多元素，包装的光晕效应益发显著，包装的外溢功能益发多样。包装的涉足内容远远超出了单一的商品产品，外溢到国家城市、公司企业、产品商品、楼宇建筑、风景名胜、科技创新、传播媒体、生活服务、影视作品以及人物事件等目标对象，包装的广告色彩益发显著，包装的广告特征益发清晰，包装的传播效果益发凸显，包装的广告功能益发得到重视，包装的“高大上”广告品牌形象益发明晰清澈。在人工智能技术穿针引线下，现代包装及现代包装广告外溢功效正在合适的时机、应有的位置显示出来。

当下，我国社会主要矛盾已经转化为人民日益增长的美好生活需要和不平衡不充分的发展之间的矛盾，现代包装迎来了前所未有的更新换代盛世良机。随着“互联网＋时代”与物联网时代的迭代渗透，经过原始包装、传统包装、现代包装的洗礼，升级换代为“安全包装、绿色包装、高端包装、数字包装、信息包装”等为主体的智能包装时代已经悄然到来。在大数据、云计算、移动互联网等技术引领下，智能包装在产品服务的定制、防伪、保密、溯源、跟踪、定位营销、移动营销和品牌宣传等“广告”功效、“传播”功效潜滋暗长，智能包装广告的现实实践与学理论证受重视程度越来越高，智能包装广告成为了新型包装行业、新型广告行业的前沿旗舰。当下，更多的包装设计与广告宣传结缘，除发挥保护产品的基本功能外，广告信息所占的比重越来越大。随着越来越高精尖的5G技术、人工智能技术融入渗透到包装行业、广告行业和包装与广告并行不悖的边缘地带，现代包装、广告宣传所发挥的作用越来越显现，包装广告的实际应用越来越普及、越来越一体化，“智能包装广告”的品牌形象逐渐明晰。

一、智能渗透

随着5G技术的渗透、5G网络的铺展，人工智能技术开始真正发挥出超级动能，并且开始在与包装场景、包装技术、包装材料、包装艺术等的全面融入中大展身手。无论是日本《每日新闻》扫码饮料瓶创意实践，还是网易云音乐与农夫山泉跨界合作的4亿瓶附带有AR技术的农夫山泉天然水瓶身，阿里巴巴的Banner广告横空出世，以及长沙橘子洲头的无人飞机天幕盛景广告，貌似虚无缥缈、无踪无形的空间想象广告，历史悠久绵长的会展包装广告，都是一个个人工智能技术在现代包装广告中的无限渗透、无限融入、无限铺展，展示了智能包装广告无处不在、无所不能的无限市场潜力。

（一）现代包装机械、现代包装材料、现代包装设计、现代包装艺术、现代包装管理正处在一个蓬勃向上的阶段，整个社会中的每一个个体（不仅包括商品生产、加工、物流运营商、零售商、消费者，也包括包装流通体系之外的“局外”机构与“局外”人士）都需要具有创新性、创意性的包装意识、包装思想、包装风格、包装工艺，呈现出越来越多元多样的国家形象智能包装、城市形象智能包装、公司企业形象智能包装、产品商品信息智能包装、楼宇建筑形象智能包装、风景名胜品牌智能包装、科技创新品牌智能包装、传播媒体品牌智能包装、生活服务品牌智能包装、影视作品品牌智能包装以及人物事件形象品牌智能包装等全社会智能包装、全生态智能包装等新型智能包装广告样态。智能包装广告作为产品服务与大社会、大市场串接的窗口平台，在日常生活中品牌建设及广告推广中发挥着越来越重要的作用。

（二）鉴于包装广告快速发展的大好局面，深感于包装广告局限于“包装”“包装设计”的研究现状，远远满足不了这一原本应该属于“广告”的研究属地的实际需求。因为缺少广告大腕广告大咖广告大师等专业广告人才的参与，“包装广告”无论是理论探讨还是实践论证还没有得到广告界的充分认识，当然也就难以最大潜力释放出包装的广告魅力、广告价值。5G时代的智能包装广告，既是包装广告“凤凰涅槃、化茧成蝶”，更是包装广告正名扬名品牌建设的有力标签，是包装人+广告人+新闻传播人联手协作共谋广告大业的济世良方，是改变当下传统广告产业“哀鸿遍野”惨淡经营的突围利器，也是现代广告领域蒸蒸日上、不可或缺的轻骑兵、生力军。

二、创意挥洒

以人工智能技术为主导，包装创意、包装设计成为包装广告活动的组成部分，并在营销沟通中常常根据营销环境的变化、智能化开展不同主题的广告活动。在包装广告活动开展中，人工智能技术审时度势完成多种传播手段、传播活动的协同配合。智能包装广告属于广告新宠，填补了人工智能时代在广告研究方面的空白，该领域的研究“小荷才露尖尖角”，具有着强烈的时代前瞻性，还有着很博大、广泛的发展潜力。

（一）智能包装广告是包装材料、包装器物、包装形色等包装信息创意化表达，是诉诸于视觉表现、听觉表现并创意化的信息传播，是通过包装物件这一特殊广告媒介、特定广告信息载体和目标消费者进行沟通的新型广告形式，是集包装广告载体、包装广告语词、包装广告代言人、包装平面广告设计和二维码组连、物联网广告串联等信息元素的智能化应用。

（二）围绕智能包装广告的理论研究，既然是广告界、包装界、新闻传播界的学术研究高地，自然应该立足于“广告”，深植于“广告”并深耕“广告”，系统深究“包装”中广告渊源、广告背景，全面挖掘“包装”的广告潜资、广告价值，将“广告”的文章做深做透做到一种更高境界。与此同时，智能包装广告务须时刻牢记“广告思想”“广告意识”，灵动应用包装广告创意，在包装材料、包装创意、包装仓储、包装装卸、包装盘点、包装码垛、包装发货收货、包装转运以及包装销售等各个环节都要做足做透“广告”功课，把人工智能技术灵活机动运用到广告元素之中。

（三）智能包装广告创意既要具有历史学的严谨精到，周密考察包装行业从原始包装、传统包装、现代包装直到智能包装各个时代发展进程中的“广告”渐变，同时运用包装学原理、广告学机理解读分析包装材料器型器物的捆扎包绕颜色形状的广告元素、广告特性、广告价值以及复杂变化，以美学视角新闻传播学理论，审读剖析包装广告所蕴含的广告品牌、广告标识、产品广告用语、广告形象、广告图片、产品信息等丰富多样广告传播要素集于一身的广告内容，兼顾到产品包装作为广告信息传播载体与其他信息传播载体的联系与区别，以管理学市场营销学理论综合全面分析智能包装广告的叠加增值功能、免受日晒雨淋灰尘污染等自然因素侵袭的保护功能和给流通环节贮、运、调、销带来方便的便捷功能。

三、智能学理

探究包装与广告的密切关系，解码新闻传播 + 智能 + 包装 +

广告的实践应用与学理渗透，厘清独树一帜的智能包装广告新理论的演变历程与发展渊源，抒发并展望智能包装广告的广阔前景，在全球范围内第一次打破新闻传播界、广告界、包装界的边界瓶颈，尽可能完整、科学、创造、前瞻地提出智能包装广告的学理构建，既是中国新闻传播理论、中国广告理论、中国包装理论主动迎接智能化时代机遇与挑战的果敢担当，是创建中国特色智能包装广告理论体系雏形的有力求证，是中国智能包装广告人才培育的鼎力求新与真心问道。以广告学为基本原理，对智能包装广告从理论上正本清源，确保智能包装广告的理论研究和智能包装广告的现实推进沿着科学轨迹正常发展。

（一）智能包装广告是人工智能技术在包装行业、广告行业以及二者之间的边缘地带夹生的包装广告之理论探索与实际应用，代表着广告行业继传统媒体广告、互联网等新媒体广告、户外广告、楼宇广告、星空广告之后又一支广告新军的崛起，也是包装行业由内而外的一次革命化跃进。智能包装广告彻底颠覆了传统广告的基本概念，不仅仅是户外广告智能化物联网化，还包括了互联网广告和传统媒体广告的智能思想、智能创意、智能设计、智能艺术、智能制作、智能发布、智能反馈、智能检校和智能评估等一整套系统工程，也包括传统媒体广告、互联网等新媒体广告、户外广告、楼宇广告、星空广告的智能组合、智能营销、智能品牌推广。

（二）智能包装广告理论属于广告学范畴，是一门全新的广告理论探析，其关联理论研究涉及品牌形象、商标标识、广告语词、广告形象、广告图片、产品信息等广告传播要素，也不无例外要关照到包装材料、包装机械、包装流通、包装仓储等专业性较强的包装学原理，以及包装系统反馈关联的包装系统工程理论。既然智能化包装广告是一个新型的信息传播载体，当然还要兼顾到符号学、新闻学理论、传播学理论、媒体管理理论。

（三）人工智能技术贯穿于整个智能包装广告全过程，人工智能理论以及裹挟其中的大数据理论、计算机理论、电信通信理论，无一不是智能包装广告理论的重要组成部分。囿于当前包装广告和智能包装广告研究成果的作者，大多是来自于包装设计专业的高等院校学者或者是包装行业一线的实践工作者，一般都是简单的从“包装”角度入手、从“包装设计”角度入手的个案分析，或者就是直抒胸臆的实际工作积累与经验交流，包装研究的味道更为浓烈，包装设计的艺术技巧表达与艺术再现更为得心应手。相比较而言，广告研究的味道相对淡化一些，广告理论分析相对不够深入一些，包装理论与广告理论怎样有机渗透、有机融入、有机整合成为一个全新全貌全价值的包装广告理论，更是难以把握。

四、智能人才

智能包装广告人才培育既是广告人才发展壮大的必然选择，也酝酿着一个巨大的教育培训产业。当前，全球广告产业面临着传统媒体广告向新媒体广告全面倾斜的时代变局，广告产业全球化、广告产业智能化、广告人才全球化不可逆转，兼备智能技术、电信通信技术又通晓广告学、新闻传播学、市场营销学知识的交叉型复合型人才，成为当下与未来世界广告攻坚克难、摧城拔寨的重要力量。

（一）智能包装广告人才属于复合型多能多智人才。智能包装广告理论以广告学为主体，整个理论体系博大精深，包括了人工智能技术、包装广告设计创作、包装广告传播、包装广告营销和包装广告管理等主要理论支撑，是一门涵盖了人工智能、大数据、计算机、电信通信、包装学、广告学、心理学、新闻传播学、设计艺术学、符号学、美学、管理学、市场营销学等横跨文理工管艺多学科门类融会贯通的综合性交叉学科。

（二）智能包装广告人才实操性很强。自从2015年美联社在全球率先抢占到智能机器人撰写体育与财经新闻稿件的智能传播高地，中国的腾讯、新华社、《今日头条》和第一财经等网络媒体、传统媒体、时尚先驱紧随快跑。2017年，新华社在世界各大媒体机构中率先建立由AI驱动的新闻全链条生产，覆盖了从线索、策划、采访、生产、分发、反馈等全新闻链路的“媒体大脑”发布上线。2017年5月，阿里巴巴推出了1秒钟撸出8000张海报的AI鲁班，神兵天降一般打破了电商广告的宁静。这一智能神仙正式上岗后，在2017年“双11”期间大放异彩，谈笑之间“轻描淡写”就创作出4亿张网络广告Banner。按照一张网络广告Banner最短耗时20分钟计算，需要100个设计师不眠不休工作152年。惊世匠师从远古穿越而来，配置了人工智能的精锐装置，AI鲁班的创作效能让全世界广告设计师们感到瞬间被掏空、随时被取代的空前恐慌。一年之后，中国制造在智能传播领域再展神功，“阿里AI

智能文案”在戛纳国际创意节上给了全球创意精英一个巨大的震撼——一秒钟之内按照设计者要求完成 2 万条文案。[①]

（三）智能包装广告人才培养务求与时俱进。现代技术创新风起云涌，技术革命日新月异，如何培育时刻站在时代潮头的智能包装广告专业化人才，是一次前所未有的高等教育挑战，必须有与时俱进的求新意识与扬弃精神。智能传播、智能广告、智能场景等人工智能技术在新闻传播领域、在现代广告领域的实践应用，已经抢先一步于相关理论研究快速运转开来，相关人才的稀缺特别是高端复合型智能传播人才、智能广告人才的稀缺，已经越来越成为智能传播行业、智能广告行业健康有序发展的障碍。

---

① 参见曾静平：《智能传播的实践发展与理论体系初构》，《人民论坛 · 学术前沿》2018 年第 24 期。

第三章 智能包装广告艺术

广告大师伯恩巴克曾经提出一个重要的广告创意理念，“广告的本质是艺术”，指出“广告不仅仅是一种商业活动，也是一种艺术行为”。根据AIDMA法则（中文称为“爱德玛”法则），广告就是充分利用各种艺术表现形式（包括雕刻艺术、音乐艺术、舞美艺术、灯光艺术、舞蹈艺术、诗歌艺术、绘画艺术、书法艺术等），或者在广告中使用艺术元素等来传播产品或服务信息，以达到更好地引起受众的注意（Attention）、激发兴趣（Interest）、理解、接受、刺激消费欲望（Desire）、唤醒注意兴趣消费记忆（Memory）、达成促进购买消费行为（Action）目的的心理引导和行为激发。AIDMA（爱德玛）法则常被视作广告文案写作的基本方式，是广告实践应用的完整体系表达，也是检验广告文案制定实施水平的基本内容。AIDMA的每一个英文字母内涵都是广告艺术的高度提炼，诠释了广告艺术的精髓要义。A（Attention，引起受众的注意）和I（Interest，激发兴趣），需要一连串独具匠心的精心艺术创意、精心艺术设计、精心艺术编排，从A（Attention）到I（Interest）延续到D（Desire，刺激消费欲望），则是广告艺术素描从感官刺激逐渐过渡到心理暗示、心理激发的衔接，广告艺术手法、广告元素应用都有了不一样的选择。如果说引起受众 / 消费者注意 A（Attention）并激发探知兴趣 I（Interest）需要浓墨重彩超凡脱俗的艺术素描，那么，在刺激消费的欲望 D（Desire）阶段则更应换位思考如何解除受众 / 消费者的戒备心，怎么样的艺术形式、艺术连线更能够起到“润物细无声”的效果。实现 D（Desire）阶段到促进购买消费行为 A（Action）的达成，牵涉到唤醒注意兴趣消费记忆 M（Memory）的桥梁纽带作用，这又是另外一种层层相接、环环相扣的艺术链接，是一种循循善诱、水到渠成的广告艺术风采。

智能包装广告艺术顾名思义即在智能包装广告创意设计和实际应用过程中，充分运用人工智能技术的智慧赋能与艺术舒展，将包装广告的各种艺术元素和艺术表现手法智能化、科学化、自动化、序列化进行展示，以创造性、再造性智能创意、智能设计与人类创意、人脑设计巧夺天工般合体，开启包装艺术新纪元，挥洒艺术形式，重塑艺术图文，营造艺术场景，传达包装广告的产品信息，使产品的包装广告能够先入为主、先声夺人，吸引受众 / 消费者的目光，继而提升消费者的购买欲望，最终达到品牌铸造、促进销售的目的。

随着商品经济的迅速发展和繁荣，现代人的生活水平相应地提高，消费心理也日趋成熟，人们不再只注重商品的使用功能，更多的是注重商品的价值功能，注重商品能否满足人们的精神和心理的需要。现代包装对产品销售非常重要，普通消费者逛超市的时间往往不超过 30 分钟，他们会看到 15000—20000 种产品。顾客在决定购买一种商品时，从外观上说往往就取决于是否能让他感到可信、可爱，这就取决于商品的包装设计，趣味性包装设计常常可以让消费者产生商品的价值功能大于其使用功能的想法而刺激消费。心理学家瓦尔特·斯特说，消费者常常不懂得将商品与包装分开，许多商品就是包装，而许多包装就是商品。提起消费者心中的产品，往往被提到的就是其产品的包装。成功的包装设计，不仅要通过艺术感染力吸引人的注意，还应该满足消费者的好奇心理、趣味心理。① 简而言之，品牌、商品、包装、广告、艺术在消费者眼中往往是五者合一、互相等同、相互映衬的。因此，智能包装进行广告创意、广告设计，使其契合商品与品牌，本身就是一种重要的广告宣传形式，无疑能增强受众/消费者对产品品牌的记忆。从包装本体出发，本章的智能包装广告艺术主要涉及智能包装广告的艺术形式、艺术载体、艺术功能和创意艺术原则。

第一节 艺术形式

智能包装广告的艺术形式，是指智能包装广告艺术表现的各种各样方面，包括了包装广告创意艺术、包装广告设计艺术、包装广告图文艺术等，往往会通过包装器物的外形、材质、颜色来得以体现。智能包装器物的外部形状、材质特征、颜色呈现以及整个包装

① 参见詹素素：《“因椟买珠”——现代商品的趣味性包装设计与消费者心理的关系》，《科学导报》2014年第3期。

器物的排列组合等，是智能包装进行广告展示的重要形式，古朴的、新潮的、历史的、现代的、科技的、自我的、非凡的、个性的、鲜亮的、有趣的、刺激的、萌态的、炫酷的包装形式，能够给消费者特立独行、耳目一新的感觉，不仅能够增强受众 / 消费者与智能包装的密切关联度，还能让平淡无奇的使用与被使用两者之间产生一种极为微妙的链接情愫，能给消费者带来一定的心理暗示作用，并通过消费者的习惯产生一定的心理效应。

依据英敏特公司开展的《2017 全球包装趋势调查》显示：多数消费者更关注包装形式和设计，而购买动力要么直接与包装有关，要么与通过包装展现的产品沟通有关。智能包装广告在形式艺术层面要坚持运用独特的、巧妙的、自成一派的包装形式设计，吸引消费者的注意，增加产品包装广告的趣味性和幽默感，从而引发消费者的情感共鸣，大大地激发消费者的购买欲望。例如，日本的香蕉饮品包装设计，以香蕉的外形创作出香蕉盒型，充分体现了香蕉的产品特征，又把香蕉新鲜的原汁原味反映了出来，让消费者拿到香蕉饮品犹如拿到香蕉一般。

拥有 190 年历史沉淀的国产大牌饮品王老吉，看到了一代代消费者对包装创意、包装设计的不同需求变化，敏锐感觉到比“千禧一代”更年轻的“Z 世代”正在迅速崛起，成为不可忽视的消费对象。这些“Z 世代”普遍拥有更开阔的视野、更强烈的好奇心以及敏锐捕捉潮流的能力，如果沿用那些陈旧老套的包装创意设计、一成不变的营销套路，就会逐步丧失包装广告效能、进而逐步丧失新生代消费者。为了吸引“千禧一代”以及更年轻的“Z 世代”消费者的注意力，王老吉将历史悠久与时尚现代在包装广告和营销推广上成功混搭。近年来，王老吉一次次突破自己的传统形象，在包装广告创意设计上融入了年轻人喜欢的元素，科技感、艺术风、萌系应有尽有。王老吉低糖凉茶植物饮料“浓妆淡抹、妙笔生花”的紫色罐装耳目一新，茉莉凉茶炫彩罐清新淡雅、憨态可掬，专门为年轻消费者定制的重口味产品“黑凉茶”，更是彻底改变了王老吉原有的包装广告风格。“黑凉茶”的罐子器型更为细长，罐体包装设计成五彩斑斓的黑，在“爆冰凉茶”上应用了炫酷十足的插画风，上面布满了 88 种以蓝色、绿色、粉红色为点缀的小图标，分别对应人字拖、美瞳、铆钉、泡面等不同流行元素。在 190 周年的“周年纪念罐”上还使用了广告代言人周冬雨和刘昊然 Q 版形象的萌系造型。王老吉每一次新包装的诞生，都承载串连起了历史与现代文化的发展印迹，既刷新了王老吉在消费者心中的固有印象，以至于王老吉的新包装已经成了年轻人之间津津乐道的话题，又能够唤醒一百多年前历史厚重的老牌王老吉记忆，给消费者恍如隔世历久弥新的超越时空超然体验。

一、广告创意艺术

创意是广告的灵魂，在智能包装广告实践应用中处处可找到人脑创意和机器人创意的踪迹，可以最大化实现从创意到设计到整个广告文案以及推广反馈的最高效能、最大价值。优秀的包装广告创意通过精美的艺术表达，能够在“芸芸众生”中脱颖而出立即冲击消费者的感官，并引起强烈的健康的情绪性反应，刺激消费者的购买需求，从而实现广告的最终效果即促进销售。智能包装广告创意艺术是指充分展开人脑智慧开启机器人“脑洞”，将协作加持包装广告的想象力全面化、立体化释放，在包装广告设计制作推广全过程中运用创造性思维、再造性思维和手法技巧来进行包装广告创作运营的艺术。需要注意并引起重视的是，智能包装广告的创意艺术，不仅仅是纯粹的天马行空式、李代桃僵式、无中生有式、时空穿越、移花接木式的创作，而是密切结合产品内涵，进行传统与现代的融合、古朴与时尚的对接、远古与未来的时空穿梭。智能包装创意艺术的终极目标，是服务于产品品牌的建设，产品用户的争取、目标销售的达成，进而实现既叫好又叫座、社会效益与经济效益双赢的目的。

（一）天马行空。智能包装广告创意就是不走寻常路，以不拘一格天马行空的思维贯穿到创意设计的各种艺术形式、艺术元素、艺术细胞之中。想象包装广告经典案例，就反映了智能包装广告天马行空创意艺术的无穷魅力。宇宙天空无疆无垠，江海浪涛波诡云谲，楼宇广场千姿百态，通过人工智能技术与想象包装的深度结合，在5G技术赋能激活下可以在长沙橘子洲头点亮千百架无人飞机装扮夜空，使其成为城市品牌新标志，可以在超级大城市演化成为地铁隧道广告为智能包装广告增光添彩，也可以在杭州钱塘江两岸化身为闻名于世的钱江大潮秒变东海的碧波万顷。

（二）李代桃僵。烟草包装广告算得上是一种李代桃僵式的另类包装广告创意艺术，是声东击西“此地无银三百两”的广告艺术表示。当烟草类广告受到全面打压控制，当烟草类广告代言人销声匿迹、体育赞助偃旗息鼓，包装广告创意艺术发挥出了超强想象力，打着“牺牲”自我的旗号，标榜劝诫吸烟人远离烟草，说服有关方面做出规定在每一盒的香烟包装上都要清楚地标明“吸烟有害健康”的标语，换了一种方式“刷出存在感”，形成一种“李代桃僵式的另类包装广告”，不由自主就会唤醒广大烟民当年耳熟能详的烟草广告记忆。

（三）无中生有。想象包装广告，就是人脑想象力、机器人想象力的最大汇聚，是无中生有式的创意艺术。在“5G+ 人工智能”技术支撑赋能下，广袤的旷野、浩渺的江海、无垠的天宇等看似虚无缥缈的广告空间，点缀出一幅幅波澜壮阔、巧夺天工、绚烂华彩的智能包装广告场景。2016 年麦当劳旗下的咖啡品牌“麦咖啡”推出的一款被誉为表白神器“对话杯”，也是无中生有式创意艺术的杰作。麦咖啡“对话杯”采用嫩绿和粉红两种颇受年轻人追捧的清新色系，将各种各类可能发生的“留言对话”印到外带纸杯上，有可供书写和涂鸦的对话泡留白，希望能藉由“对话杯”的设计概念来鼓励消费者勇敢表达并传递温暖。当圣诞节到来之际，麦咖啡“对话杯”推出升级版，新加了一个旋转杯套，转动杯套就能以“yes”或“no”，回答对方写在杯身上的问题。

（四）时空穿越。当中国传统佳节七夕到来之际，2018 年 8 月 10 日长沙橘子洲头无人机灯光秀观众如潮，上演了一场盛况空前的穿越远古到现代的时空对接智能包装广告创意艺术。湖南卫视《2018 快乐中国・爱情歌会》七夕节目组大胆创新，创意出蕴含七夕神采、穿越古今的神秘无人机灯光秀环节。当传神七夕风姿数字的 777 架无人机随着滴滴嗒嗒的浪漫夜雨为打击音乐、摇滚音乐、天然音乐而激情变幻灯光造型，演绎编织出“来长沙放肆爱”“橘子洲头”等激荡人心的文字，变幻出心形符号、爱神丘比特之箭、惊涛拍岸星空灯海、鲜活跳跃的爱心温馨等应景之作图谱，将智能包装广告的创意艺术表现得淋漓尽致。

（五）移花接木。味全重新定义品牌尝试的新包装“拼字瓶”，就是智能包装广告移花接木式创意艺术的趣味案例。为了与消费者建立起“对话模式”，味全先后推出了“理由瓶”“HI 瓶”“拼字瓶”。在味全原本的“拼字瓶”设想中，官方搭配里拼出来的应该是“养好身体别感冒”“多想抱抱你”等这样充满正能量的暖心句子。让味全意想不到的是，消费者自发拼出来的句子却完全“超纲”了。网友们乐此不疲地拼出诸如“你别爱我”“你好色”“想养你”等带着恶搞性质、忍俊不禁、趣味横生的新潮创意句子，大有移花接木的别样艺术风采。味全公司想不到的是，这些恶搞图刷爆社交圈之后，消费者们去超市就忍不住多注意味全“拼字瓶”产品了。

二、广告设计艺术

智能包装广告是产品品牌进行整合营销传播活动的重要一环，一个富有创意、富有艺术质感的智能包装，能够协助品牌营销推广活动的开展，帮助消费者加深对品牌的记忆，提升品牌的知名度和美誉度。智能包装广告应该顺应移动互联网时代的发展潮流，在形式创作中要全方位考虑消费者的需求，在努力吸引消费者注意力的同时要注重品牌内涵的表达，不能脱离品牌进行天马行空的艺术创作。

必胜客的品牌包装广告艺术随处可见，成功运用必胜客外卖包装盒进行营销推广活动，推出特别版互动式 AR 披萨包装盒，都是通过恰到好处的艺术形式激活了更广泛的市场需求。为揭示必胜客品牌送货单背后的故事，制作了一系列富有洞察力的主题海报。这些海报用必胜客盒子手工绘制和剪切，描绘了每个必胜客消费者都熟悉的事情。使用必胜客的海报盒子是引人注目的独特的视觉效果，是与品牌和产品相关的宣传海报，实际上是相同的材料制成的产品包装。

2018 年，必胜客首次成为美国国家橄榄球联盟（NFL）的官方赞助商，实时推出了将美式足球和披萨紧密地联系在一起的特别版互动式 AR 披萨包装盒，吸引全世界 NFL 球迷的注意。这款特别版互动式 AR 披萨包装盒，可以激活一个特殊的 AR 应用程序。消费者可以将应用程序下载到移动设备上，使用相机对准披萨盒的顶部，以解锁由 Cornhole 游戏虚拟变体的“Beanbag Blitz”游戏。必胜客方面说，利用科技为粉丝们提供了一种真正身临其境的游戏体验，将这个增强现实组件加入了新体验阵容中，以一种全新的方式拓宽了数字产品组合并吸引了粉丝，用新技术以一种有趣的方式卖了很多披萨。

（一）化整为零。小罐茶的品牌营销推广艺术，是基于茶叶包装形式的创新而得到市场广泛赞誉的，是一种化整为零式的包装广告艺术。第一是小罐茶包装的材质层面使用了铝质纸铂，首开了制茶行业规模化铝罐包装的先河，铝质包装材料环保、安全且成本低廉，是国际上食品、药品行业最常用的环保包装材料，也是名门贵族家中储藏茶叶的高端器皿。由于认识理念等原因，在采茶制茶历史悠久、消费量巨大的中国茶叶行业，却一直未有大规模的应用。第二是小罐茶在包装形式设计层面独出心裁，化整为零设计为“一罐一泡”，小巧简约的设计更加符合现代人的审美观念。对于消费者来说，一罐一泡，手不沾茶，省去了拆包装、储藏的功夫，使用也更方便。传统的茶叶包装，以纸袋、塑料袋，及各种铁盒为主，各品牌的产品，外观上比较难做到差异化。这种小罐设计突破了以往的茶叶包装模式，在消费者看来相当“吸睛”。

（二）攀龙附凤。王老吉“攀龙附凤”式的包装广告艺术应用得炉火纯青，常常能够借助各种大型活动推出各种各样“定制罐”，借风扬势、借船出海。拿到 2018 年《这就是歌唱·对唱季》独家赞助的王老吉，在节目热播期间量身打造“选手定制罐”，将节目中 90 强选手形象印到定制罐上，把王老吉产品变成歌手明星，从此与粉丝一同分享对选手的喜爱。随着活动的深入，“一罐一码”的互动机制一步步将产品变为帮助选手积攒人气的工具，能够帮助选手晋级，融入粉丝情绪进一步推动转化。此外，汇聚暴雪人气英雄的 MOBA 大作《风暴英雄》与王老吉合作推出“暴雪英雄罐”，来自魔兽系列的吉安娜、伊利丹和来自暗黑系列的李敏成为首批“上罐”的三位英雄，并在罐身上印有标志性的对白，让有暴雪情怀的玩家怦然心动。这种深度融入活动、深度融入剧情的包装广告艺术，以活动主角剧中人物为原型定制个性化、人性化罐装产品，成功将热门 IP 嫁接为王老吉自身的包装品牌资产，将社交基因植入到品牌包装广告之中。

（三）画“爪”点睛。这是一个“品质经济”的时代，每个人都想通过对消费细节的打造，让自己变得更精致、更特别，2019 年 2 月开始流行的星巴克“猫爪杯”正是画“爪”点睛的包装广告艺术佳作。那段时间，最火爆的不是哪款线上热门游戏，也不是某款热门色号的口红，而是星巴克推出的新款“猫爪杯”。星巴克以往的杯子更多是在杯子包装上印上各种不同的图案，或者是杯子的形态不同、材质各异，而这款“猫爪杯”的特别之处在于内壁形状奇特，是一只突然伸进来的猫爪。“猫爪杯”拥有粉嫩的外表，以樱花点缀，设计的巧思在于玻璃杯内壁为猫爪造型，将牛奶倒入杯中，便浮现出一只白色的猫爪。猫爪形状的内层设计在星巴克一众循规蹈矩的樱花杯中显然标新立异，倒入牛奶后显现出的粉红猫爪更是戳中了不少人的萌点，也戳中了消费者的内心，确实是画“爪”点睛，妙不可言。

三、广告图文艺术

智能包装广告的图文艺术，是指智能包装的外观设计的视觉和文字层面的艺术。智能包装广告的视觉设计，在消费者的购买决策中起着重要作用。产品包装可以引起消费者的购买欲望，艺术化的包装设计具有浓厚的产品内涵，能够塑造产品文化精神，加深产品在消费者心中的印象。在整合营销传播理论中，营销大师舒尔茨（Don E.Schultz）将一元化的品牌视觉形象作为开启整合营销传播的第一个步骤，这表明品牌外化形象也就是品牌包装是品牌最直接也是最明显的个性表达，消费者在进行品牌联想时首先能够意识到的是品牌的视觉形象即品牌包装。智能包装广告在开发设计中，要依据消费者心理需求，拟定新的设计方法，并给消费者不同的视觉呈现，以此促进消费者购买产品。

（一）艺术化的外观视觉呈现。艺术化包装给消费者视觉上以造型独特的感官，以艺术化思维进行设计，根据产品性能，将其与当前比较流行的人物或者电视剧中塑造的场景联系到一起，对产品外包装进行设计，以独特的造型吸引消费者眼球，促进其消费。智能包装广告在设计中必须应用艺术化思维，以智能化方式进行艺术创作，同时也不能脱离产品品牌的调性和内涵，智能包装的设计最终是要服务于品牌销售的，刺激消费者的购买欲望，最终提高产品销量。例如，在对男士香水进行包装设计时，引入当代明星，以夸张、正直、绅士、慷慨的角色，打造香水外包装，给消费者人物特征和场景联想，以此吸引消费者。男士香水呈现的视觉感官是人物造型设计，此产品外包装以当前娱乐圈被人们视为绅士的明星作为题材，完成产品塑型，让购买群体感受到购买此产品可以拥有与此明星一样的香水，给人以绅士的感觉。

对于一些高档的消费品，则是采用强烈的外包装来营造产品的距离感和奢华感，让消费者产生购买欲望。欧莱雅眼霜的外包装，采用 66 片灵活尼龙金材料设计，其设计主题为“金色未来”，此包装设计符合成分高效特质要求，是女性消费者的不二选择。欧莱雅眼霜以金色为主题色，金色可以给人奢华的视觉感受，而旋转造型的外包装则给人以大方、舒展的感觉，代表该产品可以更好地滋润、美白女性眼部皮肤，以此吸引消费者。还有就是充分利用插画艺术进行视觉呈现。插画的表现形式不仅能够传达产品的视觉信息内容，并且能够给产品带来艺术文化的提升，增强产品的附加值，带有插画师独特风格的作品与包装精美结合，使得最终包装具有易识别性和艺术性，极大地提高商品的文化性和潮流性，进一步刺激消费者的购买欲望。例如农夫山泉矿泉水的长白山四季插图系列包装，来自 Horse 品牌公司和艺术家布雷特·莱德（Brett Ryder）的共同合作。系列作品分别以春夏秋冬四季为主题，插图配备动物幻想情境，色彩浓郁，反映不同季节的心情。这种插图设计提升了矿泉水的格调，超出了一般矿泉水的包装，把简单的产品变得富有想象力和吸引力。设计师的理念是不仅要有自然品质，并且希望能够唤起年轻人对于保护自然、爱护自然的关注。①

（二）清晰明了的文字传达。低碳环保、主题明确是消费者对产品包装设计的一大要求，意味着产品包装设计在满足简约化的同时，能够清晰描述产品主题，通过观看其外包装就可以知晓此产品功效或者类型。简约化的产品包装设计，可以快速呈现给消费者信息，给人以简单的视觉感官。智能包装广告在设计中，文字的选取也是视觉呈现的重要组成部分，文字简单直观地描述了产品的类型

① 参见马骏：《论当代包装设计中插画表现形式的重要性》，《智库时代》2019 年第 261 期。

和功能，消费者可以快速获取产品信息。例如，在急救药的外包装上不可以出现混乱的图片，要简单清晰地描述该药品的功效、生产日期、有效期、用量等信息，重点突出产品功能。消费者通过观察外包装便可知晓此产品是否为所需品，以免购买错误，对身体造成伤害。

（三）功能性的视觉呈现。功能多元化产品包装是对外包装的功能进行了特殊要求，在满足本产品包装需求的同时，还满足环保要求、支持二次利用等，为消费者提供产品购买便利的同时，为其生活增添新的工具。智能包装广告在图文设计过程中，也可以加入对包装利用后功能的考量，提高包装利用率，同时也符合低碳环保的生活理念。例如，“B-ing”花瓶包装的设计使用收缩膜包装双面印刷技术，瓶签外部以简洁干净的白色搭配鲜艳的花瓣元素呈现，在拆分瓶签时沿着瓶顶周围的虚线撕开，瓶签内部鲜艳的花朵图形就呈现出来，整体瓶形包装设计犹如盛开的花朵，创意十足，饮料喝完后瓶子还可作为装饰品利用。

必胜客曾推出一款投影仪包装盒，在消费者食用完披萨后，其包装盒可以改装成投影仪，只需要按照指引安装零件，随后用手机扫描印刷在盒内的二维码，把手机放在固定披萨圈上，可通过投影仪观看电影。麦当劳推出过 VR 眼镜包装，消费者在食用完麦当劳后，可以将包装盒分解组合成 VR 眼镜。这些技术的运用都拓展了包装的功能，提升了品牌好感度。

图文设计艺术是包装广告的重要内核，折射出了品牌的精神内涵和价值诉求，是包装广告呈现给消费者的第一印象。消费者首先通过包装的图文感知某个产品和品牌，所以智能包装在进行图文设计时，要坚持艺术化思维，坚守品牌理念，用清楚简明的文字表明产品信息。

第二节 艺术载体

智能包装广告艺术载体，是艺术表现的辐射面，是艺术营造的土壤，是艺术氤氲的温床，涵盖了传统概念中的包装器型广告、包装器物广告、包装材料广告、包装颜色广告、包装会展广告等承载广告艺术的实体实物，也包括了臆想中的包装创意广告体中的艺术呈现。包装色彩是最先直接刺激感官的艺术元素，包装广告色彩或明艳或深沉或五彩缤纷或单色明快，可以为广告推广锦上添花，达到事半功倍的效果。会展包装广告艺术集材料艺术、形状艺术、器型器物艺术于一身，涵盖建筑艺术、街区艺术、城市艺术等表现艺术，是表现艺术与再现艺术的完美结合体。

一、材料艺术

包装材料是包装广告艺术的基础，是包装广告形式艺术、包装器型器物艺术、包装广告颜色艺术等全部包装广告艺术铺展的起点。包装材料时时升华着广告艺术哲理，以其自有特质散发出的艺术光焰影响到包装广告的方方面面。包装材料决定着包装形状甚至包装尺寸大小，从而涉及包装广告艺术展现的纵深感即深度艺术和壮阔感即宽度艺术的空间容积。包装材料以各种方式影响着包装器型、包装器物的万方仪态，处处闪烁着广告艺术光辉，是人类智慧在各个不同文明时期包装广告艺术的历史见证。

（一）包装材料串接起艺术元件。包装材料浸染着艺术色度，材料的自身光泽承天地日月精华，经江河湖海洗礼，在现代印染技术、锻造技术等科技渗透的淬变裂变中，包装材料自身的光泽可以加工改造，各种包装材料可以融会贯通、与时俱进为所需所想的材料颜色，焕发出各种各色包装广告材料别样的时代艺术光辉。以铜质包装材料为例，原始色素的青铜、黄铜依样是大多数包装材料、包装器具的主色调，而铜铝合金、铜铁合金、铜金合璧、铜钛熔炉所铸造而出的各种包装材料，其包装本身就是一件件精美绝伦的工艺品，就是一个个无形的独步天下的广告。

（二）包装材料关乎艺术形式。包装材料关乎着包装广告的艺术形式，决定了何种艺术形式适合施展。远古原始时期的包装材料，局限在植物、叶片、树皮、兽皮、贝壳、石头等原生态产品，对美的追求、对艺术的提炼远远不够，很难有太多的艺术表现力和施展机会。不难想象，如果没有包装纸品及印刷设备的发明创造，图文艺术只会停滞在零碎琐碎的原生态材料打结编花方面，定然创造不出丰富多样图文交织的包装广告艺术。同样，雕刻艺术更适合在硬质地的木器、竹器、石器、铁器、铜器以及各种合金材料等包装材料上施展才华，尽管现在偶尔出现的纸雕等工艺为人赞叹，但无法达到成规模、成体系、成序列的包装产业要求。

（三）包装材料标志艺术厚度。石质包装材料沉淀着艺术的厚重，易使人联想起原始人类与天斗与地斗搏击大自然的雄浑，惊叹于人类使用简陋的原始工具创造石器艺术的伟大。铁器、青铜器包装材料书写着历史的沧桑，其中经历了钻木取火、向天借火、燧石取火的传说传奇，合著成一部部“经典永流传”的文化艺术编年史。铁器工艺、铜器工艺与包装广告的结合，随处都可以洞见锻造艺术、雕刻艺术、文图艺术的活灵活现，随处可窥见各种艺术家匠心独运的神采。包装材料与本色基色的色彩艺术时刻关联，包装材料颜色的取舍编织，反映出艺术表现的现实需求与历史衔接。包装材料原色原味的基调与新材料新工艺交汇的信心色素组合，是一种“色中见术”“色中见艺”的特殊艺术形态。

二、形状艺术

不同的包装外形，不仅仅是内容物件简单封存的“按图索骥”订制，也不仅仅是内容物件贵贱奢简的标示，更是文化艺术对产品内涵尊重与互动的体现，是生产商、包装商与消费者之间的文化联系及艺术脉动。包装广告图文形状的千姿百态，有方有圆，有长有短，有点有面，有粗重有细腻，有串接有单立，有平面有立体，方圆交错，点线成篇，轻重有致，行云流水，人间百态，圣灵万象，就是气象万千的艺术展示。

（一）包装广告的形状编排代表着艺术构思。天圆地方，圆形的包装物，意味着和谐和美，意味着包罗万象，意味着海纳百川，有容乃大。饮料类水状物液体状包装器具，往往会选择圆形玻璃瓶子、金属瓶子或者塑料瓶子。圆形包装广告，追求的是平面艺术与立体艺术的撞击效果，塑造的是兼容并包、点面合作的艺术系列，进而产生一种整体协调的感觉和意识，视觉冲击鲜明强烈而又具有统一感。方形、长方形的包装作品，更多讲究对称艺术、平衡艺术，从物理空间上为物品存储堆码、物品运输创造了最佳的对称选择和平衡选择，从平面设计方面考量，则可以充分兼顾包装广告图像文字的形量、大小、轻重、色彩和材质的分布作用与视觉判断上的对称与平衡，照顾到各设计单位元素间编排组合的重要因素，尽可能达到文图搭配合理、视觉重心突出，整个包装广告画面轮廓聚散渐变明晰，色彩或明暗分布的节奏韵律跌宕起伏而又一气呵成。

（二）向往自然嬗变、重塑自然形状。人类个体之间及群体之间的信息交流，不仅仅体现在语言、文字、图片、动漫和音视频等传统大众传播方面，也隐藏于人的手势姿态和表情等原始传播及通过原始传播基本构件与新兴科技结合而诞生潜变的“新原始传播”之中。原始传播与“新原始传播”要件，源自大自然亿万年的天地造化，为向往自然、重塑自然的现代包装广告提供了追根溯源的形状参照。人类捶胸顿足、仰天长叹等表情手势以及眼耳口鼻的细微变化，以动物原型以及攀援跳跃扑摔等为象征的主题图形，以百草百花象征吉祥如意美景美好的装饰纹样，都是包装广告视觉传达设计艺术所特有的常用题材。

远古时期的人类，把动物作为图腾崇拜的标志，将美丽花草皓月当空视作花好月圆，并且相信每个氏族都与某种动物、植物或无生物有着特殊关系。现代人类对动物的崇拜敬仰，延续到以动物造型作为企业或组织的标志或商标，不少产品包装情不自禁就会想到以虎豹熊鸟等动物作为包装造型。现代包装广告的植物造型，一是装饰纹样是通过标志物品图形结构形成后与具体臆想中的植物花卉结合，产生特定的装饰名称；二是近现代的标志植物造型包装大多归整为圆、方、三角等几何形状，显示出现代艺术中结构主义、风格派对标志设计的影响，演变为枝繁叶茂、百花争艳的特殊状包装。

三、器型器物艺术

不同的包装器物反映着不同时代的匠人工艺，不同的包装器型显示出不一样的艺术特色，不同器物与不同器型的组合，赋予了包装广告更丰富的艺术气质。包装材料 + 包装器物 + 包装器型的万千组合变化，镌刻了更多的广告艺术。

包装广告器物是各种包装广告用品用具的总称，涉及的范围极广，包括的品种类别繁多。从形体上说，大至高耸入云的楼宇广场建筑、庞大巨型的汽车、火车、轮船、飞机、运载火箭、太空飞船等交通工具、天体宇宙设备等的外包装、内包装，中到家具包装、冰箱洗衣机包装、缝纫机包装、空调包装，小至火柴盒包装、铅笔盒包装、文具盒包装、手表包装、电器插座插头包装、餐具包装、服装服饰包装、水果包装等。这些包装器型器物，稍加分析就会发现处处透露着广告艺术的张力。

（一）包装器型的材质艺术透视。如果说包装广告的形状艺术更多指的是外包装的艺术色彩，那么，包装器型器物艺术透视出的则是内包装器型器物材料自身散发出的自然艺术光芒。贵州茅台酒一成不变的白色陶瓷酒瓶，彰显的是习水河畔始终如一的酱香酒质酒品。简朴洁白的瓶身，伴随着茅台酒跨进了世纪，变化的是不断增加的消费者，永恒不朽的是从不改变的茅台酒瓶白色瓷质包装。这种恒定材质、恒定色彩的包装，本身就传递出了持恒绵长的艺术价值，弥散出的是经久不变的酱香酒品酒质。

（二）包装器物（内包装）的器型艺术关注。包装广告的材质，本身就是一则特定约定的广告展示。包装材质、包装器物与包装器型的有机衔接，关注的是另一种广告艺术。除了广东等一些特定区域、特定人群，中国很多消费者未必喝得惯 40°各种品牌的洋酒，但每每忍不住去打量皇家礼炮、路易十三等洋酒展示柜，其中一部分缘由就是对洋酒酒瓶的特殊珍爱。造型独特水晶瓶制的路易十三高端奢华鹤立鸡群，皇家礼炮的支架配置独出心裁，就连系列小小洋酒瓶串在一起也甚是可爱。笔者曾经与五粮液洽谈合作，商议以“五粮”为主题推出“五彩”系列鸡尾酒——瞄准国外市场，酒瓶特殊定制，以五种不同颜色呈现，得到有关领导高度认可。

第三节 艺术功能

智能包装广告是人工智能技术在包装领域、广告领域、包装广告领域的伟大实践，是智能包装与智能广告有机合璧、完美合体。人工智能技术的飞速发展，带动了广告行业、广告产业进入新的智能广告时代。移动互联网时代的不断发展，完成了人类的新延伸。移动媒介重构了人与人之间的连接方式，也同时赋予了“场景”以新的含义。PC端时期场景单一且固定，而智能手机PDA等移动智能终端的出现，打破了在线与离线的状态限制，洞察用户所处的“场景”，成了广告投放的必备能力。智能包装广告与手机移动端相结合可以为场景营销提供空间，消费者通过场景构建的沉浸感，使产品品牌以长期稳定的方式存在于人们的生活和工作环境中，从而加强消费者对品牌的记忆。

罗伯特·斯考伯（Robert Scoble）和谢尔·伊斯雷尔（Shel Israel）在二人合著的《即将到来的场景时代》一书中提到，场景由五种技术力量构成：移动设备、社交媒体、大数据、传感器和定位系统，称之为“场景五力”，并认为这“五种原力正在改变你作为消费者、患者、观众或在线旅行者的体验”。[①] 场景技术正逐步应用于可穿戴设备（如AR眼镜等）、安全驾驶、城市建设以及健康监测、广告营销等多个领域。智能包装广告传播中，场景艺术的运用主要体现为产品包装能够和消费者进行互动体验，结合具体的产品特征、智能包装设计和消费者需求进行推广。

智能包装广告场景艺术的实现主要是基于技术的进步，移动互联网的发展，移动终端设备的普及，以及增加AR（增强现实技

---

① 参见［美］罗伯特·斯考伯、谢尔·伊斯雷尔：《即将到来的场景时代》，赵乾坤、周宝曜译，北京联合出版公司2014年版。

术）、NFC 近场通信技术、传感技术等技术的应用。技术赋予了智能包装广告场景艺术实现的可能性。智能包装广告的艺术功能，集中聚焦于 5G 到来之时智慧赋能视域下营造出以往任何包装广告时期所不具备的虚拟现实场景，从而衍变出智能包装广告的特色功能，主要有收集场景信息、营造互动场景、应用营销场景和强化用户体验四方面。

一、收集场景信息

进入 5G 商用以来，NFC（Near Field Communication，意思指的是近距离、近场域的通信技术，简称近场通信）技术的应用全面深化深入，既可以轻松实现快速、安全便捷的个人私密支付功能，同时还能进行互传手机文件，兼具进行近距离、近场域身份识别、智慧联通、职场打卡等功能，将原来看起来只有专业技术人员能够操控的复杂操作变得“一键式轻松搞定”。

NFC 技术在智能包装广告上大显身手，通过无痕迹收集近距离、近场域的受众场景信息，使智能包装广告信息传达更加便捷、更加“因人施策”。近场通信是一种短距离、高频次无线通信技术，允许电子设备之间进行非接触式点对点数据信息资料传输，首先即时即景交换数据。NFC 技术比起 AR 技术更为高效便利，既无须打开应用，也无须扫描，只需设备互相靠近即可传输信息。NFC 技术结合应用到包装广告领域，可以使信息的传达更为便利，使其不仅具有传统的产品包装功能，还能根据所包装产品的特性或用户的需要使其兼备一些特殊功能如防伪功能等。致力于研究近场通信的 NFC 论坛，宣布其与活性智能包装行业协会（AIPIA）合作为食品和其他消费品开发互动性标签，这可以让消费者迅速得到所购买商品的详细信息。智能包装广告与 NFC 技术结合，能够使商品或者品牌的信息获取更加便捷，更方便消费者了解产品，提高消费者购买率。例如，Johnnie Walker 曾为旗下的 Blue Lable Whisky 推出过植入 NFC 技术的酒瓶包装，当手机靠近瓶身时，所有关于该威士忌的详细信息会立刻在手机上展现。①

NFC 技术不仅可以用于传递产品信息，其极大的便捷性还有利于品牌在大范围进行包装广告营销推广活动。2012 年，微软为宣传其最新光晕 4 游戏，在宣传海报上增加了 NFC 标签。每个 NFC 标签的所有读取者都可以获得基本的宣传内容，而第一个读取玩家可以获得特殊游戏奖励。标签被读取之后，后台可以记录读取的次数，了解广告位的投放效果。此类营销推广活动可以直接通过包装载体来实现，不需要另外进行户外广告投放，节省了营销成本。智能包装广告与 NFC 技术的结合为品牌提供了新的营销场景，不仅有利于为消费者提供便捷的商品信息获取路径，也有利于收集活动信息，更直观地了解广告效果。

---

① 参见谌涛、郝于越：《自主传播环境下交互视觉体验的设计研究》，《包装工程》2018 年第 24 期。

二、营造互动场景

AR 技术 +NFC 技术在 5G 时代相互支撑、相互镜鉴，营造了互动、联动场景，实现了智能包装广告在线上线下的互动，将增强现实技术发扬光大。AR 技术，即增强现实技术是一种将虚拟信息与真实世界巧妙融合，运用多媒体、三维建模、实时跟踪及注册、智能交互、传感等多种技术手段，将计算机生成的文字、图像、三维模型、音乐、视频等虚拟信息模拟仿真后应用到真实世界中，两种信息互为补充，从而实现对真实世界的“增强”的技术。① 传统包装广告内容受限，形式较为静态化，智能包装广告结合 AR 技术，则有利于扩大其信息容量，包装的维度得以扩展，不仅是表现形式的改变，其可搭载的信息量不存在上限，庞大的信息量摄入意味着 AR 包装能以更加吸引人的形态展现给消费者。通过游戏体验、互动体验，营造一种与消费者进行互动交流的场景，实现线上线下的营销联动，为包装广告品牌开展场景营销以及整合营销传播活动提供便利。

在包装产品高度同质化，缺少差异性的现在，企业越来越青睐在产品包装广告上进行创新。智能包装广告植入 AR 技术正是非常适合时尚新潮、活力先锋的品牌企业使用，以突出其动感炫彩的企业品牌。另外，“AR+NFC”的高互动性和参与性，更可以在第一时间俘获年轻消费者的心。在这里，AR 技术起到了让包装具有交

① 参见胡天宇:《增强现实技术综述》,《电脑知识与技术》2017 年第 34 期。

互性的催化剂作用。AR 可以塑造出一种全新的销售模式，用于传达产品信息，针对环境、个人、时间、位置进行调整，并作出相互对应、具有互动性的内容，将线下和线上销售变得更为紧密。全球包装行业巨头瑞士 SIG 集团康美包公司的全球产品经理表示："更多互动内容，消费者就更有可能产生共鸣，对品牌产生积极的印象。通过 AR 的帮助，品牌的所有者可以增加与消费者接触的机会，与消费者的关系变得更为亲密，最终，对品牌会产生长久的、积极的回报。"

需要注意的是，智能包装广告设计植入技术时，要思考此种形式是否符合品牌调性和内涵，是否能够吸引消费者产生对品牌长久记忆和购买冲动，而不是为了一时的品牌热度，盲目进行场景创建和营销推广。2017 年，可口可乐公司和全球最大的流媒体音乐服务平台 Spotify 合作，利用 AR 技术设计一款能播放音乐的可乐，特殊定制的可口可乐瓶身、罐头的印刷交由著名的 AR 推广营销公司 Blippar 负责。可口可乐用户、消费者可从 iTunes 或 Google stores 下载应用程序，当对准印有促销标签的可口可乐或雪碧的瓶身时，就会出现一个耳机叠加在可乐瓶上，应用程序可轮流播放 189 种 Spotify 列表上的音乐，可以畅听音乐排行榜上排名前 50 的歌曲。同时，用户还可以通过扭转瓶身调整音乐播放顺序，对应歌曲的封面也会借由手机端的应用程序显示在瓶身周围，宛如一个可口可乐版的音乐播放器。数据统计，在短短一段时间内共有 7.5 万名用户下载使用可口可乐 AR 应用，进行体验和参与，比之前可口可乐包装上的二维码促销活动提升了 300%。可口可乐公司还在美国城市投放了“可口可乐魔幻”AR 应用。用户拿起手机扫描可乐瓶，会出现喝着可乐的 3D 虚拟圣诞老人，还能与用户合影，摆出各种姿势。根据统计，这个 AR 广告投放的 1 个月内，魔幻 AR 应用下载数量达到 5 万次，共有 25 万用户搜索相关词。吉百利巧克力品牌通过 AR 技术将产品包装与游戏实现了对接，只需通过手机扫描包装图案，就可以玩一款类似打地鼠的小游戏，十分有趣。以上案例足以说明智能包装广告植入 AR 技术后强大的影响力，通过 AR 技术，智能包装广告为用户营造了游戏、娱乐、消费等场景，在互动中加深了消费者对品牌的印象，为产品的销售提供了帮助。

三、打造营销场景

5G+AR+NFC 一整套数字传感技术应用于智能包装广告，可以瞬间智能化打造话题营销场景。传感技术是指在物体内部安装传感器，使其能够接收外部环境变化的信息，如气流强弱、光线强弱、温度湿度、生物体情感信息等，从而使传感器产生反应并引发变化。目前，数字传感技术在广告领域的应用主要集中在广告效果监测、影视效果评估、品牌商业调查、舆情监控、消费洞察等业务上，以及物联网广告牌系统安全监测等方面。数字传感技术与智能包装结合，可为品牌企业推广提供更广阔的场景营销空间。目前，技术边界门槛相对较高，成熟度还有待市场检验，无形中增加了运营成本，因而数字传感技术大规模应用到包装广告行业还需时日，只有少数几家大牌国际公司做了一些有益尝试。

可口可乐与天猫合作上线的一款“拨弄瓶盖寻宝”的AR互动小游戏，打造“AR广告+电商”的营销模式，2015年曾推出VR圣诞节篇创意广告，还曾做过让包装变成VR设备的环保营销等。时尚饮料先驱可口可乐在广告营销界从来都是走在前沿，每次总能通过新花样拓展新市场、创造新的可口可乐式营销模式。早在2014年，可口可乐就与AR初创公司Blippar合作了可乐罐的AR营销活动。用户可以在iTunes或者Google stores上下载APP，并通过APP的促销标签扫描可口可乐或者雪碧的瓶身，获得Spotify上189个歌单中的一个歌单，解锁后，用户可以保存歌单，并畅听一整个夏天。

奥利奥和天猫联手打造的“奥利奥缤纷音乐盒”提供了传感技术应用于商品包装并实现广告功能的精彩实例。2017年，奥利奥品牌推出音乐盒包装饼干，采用的正是光感技术。这款音乐盒采用硬牛皮纸质地，内部安装了光敏电阻，消费者只需将饼干放入盒中凹槽处，旋转遥杆就能演奏音乐。而当消费者咬一口再放进去，由于遮挡的电阻面积发生了变化，就会切换歌曲。音乐盒中预设4首曲目均为奥利奥广告曲，而将礼盒附带的“猫公仔”放在唱片槽上时，还将获得隐藏曲目“喵喵剁手歌”，而这正是天猫的广告歌曲。该音乐盒还带有录音功能：放一块奥利奥，轻轻按下按钮，绿灯亮起开始录音。结束时再按一下按钮，出现红灯代表完成创作，摇杆旋转至边缘就完成保存。该产品发售日当天在天猫一上线即被秒杀售罄，并在网上迅速成为话题，线上线下营销场景联动为品牌做了一次极好的宣传。

四、强化用户体验

5G 赋能支撑起智能包装广告的用户体验，体验式旅游包装广告、体验式购物包装广告、体验式住宿包装广告、体验式餐饮包装广告、体验式农庄包装广告、体验式影剧院包装广告等，都已经潜移默化被广泛接受并受到消费者的普遍欢迎。深圳“壹包装”提出，产品包装绝不仅仅是一个盒子，其要确保消费者能够获得顶级的体验，使得打开包装盒的过程本身就是消费者体验的重要组成部分。设计师通过包装设计，让受众和目标群体感受到产品的过程，感受到企业对产品的定位传播以及品牌的传播，才是现代商业包装设计的终极体验。体验式包装广告有多种方式可以实现，一是消费者真正参与包装，比如宁夏志辉源石葡萄酒庄就让游客和买酒顾客亲自参与包装尤其是瓶标、瓶贴的制作，从而获得绝对个性化的包装；二是将该商品及其包装设计、生产的整个流程以 VR 的形式呈现，消费者通过扫描二维码、读取 APP 等方式获取身临其境的体验感受。体验式包装，已经不单纯是一个包装，同时也成了个性化休闲娱乐的一部分，甚至还可以是一个生动有趣的产品广告。①

随着 5G 挂牌商用，虚拟现实迎来了完美展示的技术平台，高精尖的技术支持体系提供并强化了更好的用户感官体验。在故宫博

---

① 参见刘文良、陈翘楚、胡泽艺：《5G 赋能包装设计创新路径研究》，《湖南工业大学学报（社会科学版）》2020 年第 3 期。

物院，“5G+ 虚拟数字技术”模式已经将一件件珍贵的文物天衣无缝地整合到了虚实相生的场景中，创意频频的虚实结合带来了文创全场景的沉浸式体验，足以让欣赏者感受到一段非同寻常的艺术之旅。在电商环境下，体验式包装广告更多地体现为以数字化容器及辅助物为表现形式，融合了视、听、触等多种感官艺术的虚拟包装。“虚拟包装从本质上而言是一种意识包装，它所承载的更多是在人机界面环境下沟通情感的需要”。①

在智能媒体时代，网络营销模式日益成为主导的情况下，商品感观传播更为主流，商品包装传播媒介的交互现象越来越具有“包装媒介霸权”的传播性能。包装媒介能刺激消费者的视觉愉快体验。麦克卢汉曾说过，“图像革命使我们从个体理想转向整体形象”。②智能媒体时代的产品包装犹如人的服装，完美修饰着产品，不仅在包装上提炼出产品信息，而且能在包装上提炼出深层的品牌文化理念，传播产品品牌，提供品牌的市场占有比重。

第四节　创意艺术原则

智能包装广告研究属于广告学、传播学与包装科学交叉学科

① 参见武彦如、王安霞：《信息技术背景下的虚拟包装研究》，《包装工程》2010年第22期。

② 马妍妍：《媒介怀疑论信息时代媒介与受众关系研究》，博士学位论文浙江大学2013年。

范畴，所以对于智能包装广告的创意艺术原则的探讨，主要基于传播学科、广告学科和管理学科中的传播艺术原则、广告创意原则、营销艺术原则以及包装设计领域的相应艺术标准来综合讨论总结。

智能包装广告创意艺术既是一种自由开放的创造性思维活动，又是一种不同于单纯艺术创作的综合性跨学科领域的艺术创作，这就意味着需要遵循新闻传播学、广告学、管理学和设计艺术学等的特定原则。广告创意艺术是广告人在广告活动中进行的创造性思维活动，被公认为是广告的灵魂和生命，是广告信息传播的关键。

对于包装设计的创意原则主要基于对于国际包装设计大赛Pentawards的评奖标准的分析，Pentawards是全球首个也是唯一一个专注于各种包装设计的国际包装设计大赛，被认为是全球范围内各包装设计领域最具声望的专属竞赛。依据国际包装设计大赛Pentawards的三大评奖标准所示：impact-branding（强有力的品牌塑造）、creativity（创新性）以及quality of workmanship（工匠技艺）。[①]由此我们可以看出，包装广告的创意设计艺术必须要服务于品牌包装、品牌宣传、品牌推广，要建立起与品牌的高度相关性、关联度。为了能够达到最强视觉效果，同时要保证包装设计、包装创意、包装艺术具有创新性，以新颖、精致、独特的材料、画面、器型器物秒杀其他竞争对手。在包装材料、包装器型器物艺术一争高

---

① 参见张铭珊：《基于4I理论的H5广告营销策略研究》，硕士学位论文南昌大学2017年。

下的同时，具有独特的匠人精神、匠心工艺、匠心创作等个人灵魂与设计艺术作品“魂牵梦萦”更能够吸引受众、吸引市场垂注，这也铸成了智能包装广告创意艺术个性化原则的主要源头。

综上对于广告创意原则以及包装设计原则的讨论，我们可以大致概括总结出智能包装广告的创意艺术原则，主要包括创新性原则、个性化原则、相关性原则和务实性原则四个方面。

一、创新性原则

创新性是艺术创作的魂魄精髓要义，离开了原创性这一基本前提，一切艺术领地的缤纷灿烂都会黯然失色，一切艺术领域的信条经典都是天花乱坠、胡言乱语。原创性是所有创意艺术产生的前提，坚持原创性原则不断进取、不断创新作为艺术创作的起点，才能激发更多创意灵感，使广告创意不落俗套、新颖别致。在信息爆炸、信息过剩的注意力经济时代，受众的注意力资源既是海量级广博资源，又是各个领域孜孜以求的稀缺资源，因此智能包装广告之争实属受众注意力之争。只有那些独创的信息和信息表现形式才有可能打破大众对信息麻木的甚至是拒绝的状态，才能收获更好的广告效果。

智能包装广告创意要坚持创新性原则，创新性原则首先就是要坚持原创性，切勿照抄照搬，要坚持原创，要建立品牌自身独特的核心竞争力。其次是创造性，要运用创造性思维和手法技巧进行创意，不能因循守旧、墨守成规，而要勇于标新立异、独辟蹊径。新颖独特、与众不同的包装广告创意具有最大强度的心理突破效果，而且其鲜明的魅力会触发人们强烈的兴趣，能够在受众脑海中留下深刻的印象从而使其长久地被记忆。新颖、与众不同的包装能在购物场景中给消费者带来耳目一新的心理刺激，进而激起其兴趣，使其获得愉悦的感性体验。

二、个性化原则

在坚持创新性原则的基础上，创意艺术的个性化自然得以展现，个性化原则变得重要起来。只有创意艺术的个性化，才能够形成包装广告艺术的视觉冲击性、产品冲击力、市场冲击力。广告创意能够深入受众的心灵深处，利用相应的广告创意元素，可以是富有趣味的创意、可以是具有独特个性的创意，让广告作品给消费者带来强烈的视觉、听觉以及心灵上的冲击，从而留下深刻的印象。

智能包装广告个性化的实现，首先是在神人神思指导下，创作人员特别是主创人员出神入化的主意、点子，这是化腐朽为神奇至关重要的首要因素。个性化追求独家、独门、独到，通过别出心裁的构思，独辟蹊径的操作技法，力争达到独树一帜的艺术境界和品牌传播效果。个性化原则以奇制胜，奇思妙想缠绕滋生最终会形成奇文奇图，以奇景、奇构、奇场、奇域出奇制胜。智能包装广告个性化，依赖于品牌业主提供尽可能丰富的产品选择，从而使消费者依据自身需求、喜好进行挑选，形成心理上“焦点关注”的满足感。

因此，智能包装广告的个性化是顺应消费者心理的必然趋势。智能包装广告在进行广告创意时，可以通过个性化包装来吸引消费者注意，从而带动产品销量。个性化原则的实现可以通过两种途径：一是品牌业主在生产过程中率先为消费者提供具有差异性的商品包装，如绝对伏特加为了使400万瓶“绝对不同”限量装达到“同一款产品，无数种设计”的个性化效果，运用了38种色彩和51种不同图案，通过安装涂料喷枪、高阶成色机等手段组成了几乎无穷尽的随机组合。这种途径可能的弊端是成本太高、技术原因难以实现或者难以大规模推广；二是新媒体时代，营销可以借助网络购物或社交媒体平台来进行，利用数字技术的优势，通过消费者原创内容（UGC）来完成个性化定制。这一方式规避了技术和成本壁垒，同时也顺应了网络时代对于互动性的要求，通过UGC自定义包装，完成了品牌和消费者的沟通，也在潜移默化中加深了消费者对品牌的记忆。

三、相关性原则

智能包装广告创意艺术的相关性原则或称关联性原则，即广告创意艺术要与企业品牌、广告产品、竞争环境、目标消费者和促进销售建立起有效联系，形成高度关联驱动关系。创意艺术的过程是对产品信息“编码”的过程，受众接收信息后，要经过自身的“解码”，在“解码”中产生联想和理解，使自己的经验、体会与商品信息结合在一起，才能达成沟通。创意把概念化的主题转化为视听符号，直观性强，为了产生多义性，创意时要符合相关性的要求。

与企业品牌高度相关是进行智能包装广告创意艺术的首要前提，任何一味的强调包装改革的艺术美学价值或者流于形式而脱离于品牌内涵的包装，都是脱离了基本目标，全属舍本逐末之举。不论是艺术形式的编程组合，还是艺术流程、艺术布局的基本顺序，以及艺术材质、艺术器型器物等艺术载体取舍安排，都要服从于包装广告为企业主树立品牌形象的总纲领，服务于品牌营销、品牌推广这一总方针。一些貌似高大上的包装广告艺术，即使短期内或许能获得一些消费者的注意和曝光量，如果脱离了市场营销轨迹，违背了品牌铸造规律，从长久持恒考量难以得到消费者的记忆从而转化成购买力。智能包装广告创意是要服务于品牌目标而不是脱离品牌的纯粹的艺术创意设计，智能包装对于产品和品牌是锦上添花的作用而不是喧宾夺主，通过智能包装广告创意提高品牌辨识度、让消费者长久记忆品牌才是首要。智能包装广告创意艺术应力图做到与品牌相关度、创新性和艺术审美的统一。

四、务实性原则

务实性原则亦称之为实效性原则，指的是智能包装广告创意艺术表现要尽可能地与消费者沟通，能够让尽可能多的消费者理解、会意，然后通过广告创意艺术获得预期的销售效果。所有的智能包装广告创意艺术诉求，归根结底就是为了取得实实在在的社会效益和经济效益。

务实性原则是智能包装广告创意的重要原则，要求智能包装广告在创意过程中必须要务实，要耐心去探求消费者、市场情况和产品的详细说明，根据品牌、产品的调性进行创意，而不是纯粹的天马行空的艺术创作。智能包装广告创意要服务于产品的销售，要考虑品牌主的利益，通过智能包装广告引起消费者注意，从而产生品牌记忆和购买行为。

农夫山泉矿泉水与网易云音乐的跨界合作，便是通过智能包装来实现的。以农夫山泉矿泉水瓶身包装为媒介进行整合营销传播，既加强了消费者对农夫山泉的品牌记忆，同时也通过乐瓶这一具象化的产品加深用户对于网易云音乐价值理念的感知，对于品牌及智能包装广告创作者都有一定的借鉴意义。

网易云音乐此次与农夫山泉跨界合作主要是在农夫山泉的瓶身上做文章。在 4 亿瓶农夫山泉饮用天然水瓶身上，印制了网易云音乐精选的 30 条用户乐评。乐瓶的设计巧妙而充满了音乐的元素，网易云音乐黑胶唱片的图案，构成了农夫山泉经典的山水形象。用户乐评则分布于农夫山泉瓶身上，每一字每一句都直指人心。让每一瓶水都自带音乐和故事，瓶装水将不再是单纯的饮用，增加了看和听的环节，每一个瓶子都有了自己的故事和情感。网友纷纷表示喝的不是水，是故事，直击心灵。同时在乐瓶瓶身设计中加入 AR 元素，用户可以通过手机扫一扫，AR 扫码后展现出来的沉浸式星空，配上乐评文字，更能激发用户的情感共鸣。AR 技术的应用也进一步增加了此次营销的互动性和分享性。两大品牌合作，可以更大程度实现平台用户的互补，实现年轻用户最大化导流。对于网易云音乐来说，选择快消品进行合作，打造场景化营销，借由农夫山泉这一渠道打开更大的用户空间，可以让更多用户更加立体地去感知产品品牌，从而更好地输出音乐价值理念。通过瓶身包装促成两个品牌之间的营销推广活动，品牌方达成双赢。

第四章 智能包装广告文化

人工智能与物联网技术的快速发展，给包装广告带来了新动能，衍生出智能包装广告这一时代广告新事物。智能包装广告文化将增强现实技术、无线射频识别技术与多模态话语以及视觉隐喻有效耦合，品牌传播更加可视化、精准化和个性化，给传统包装和零售行业带来了革命性的产业效应。数据驱动与绿色智能给包装广告插上了变革两翼的同时，也在回归广告和互联网的人性，促进人、信息与物质的和谐统一，催生了智能包装文化。系统研究智能包装广告文化，对我们延展互联网广告的逻辑肌理、形成良性科学的智能包装广告文化，具有巨大的理论意义与实践价值。

本章将从智能包装广告文化的概念内涵、智能包装广告文化的类型、智能包装广告文化与品牌传播、智能包装广告文化的文化受众四个方面来探讨智能包装广告文化。

第一节 概念内涵

人工智能（Artificial Intelligence）沉寂了多年之后在近十年迎来了辉煌时代。各种顶层设计的利好接踵而至。我国国家高层鼎力支持人工智能的发展应用，先后出台了《“互联网 +”行动指导意见》《“互联网 +”人工智能三年行动方案》《新一代人工智能发展规划》《促进新一代人工智能产业发展三年行动规划（2018—2020年)》等鼓励政策，提出大力培养和发展人工智能新兴产业、鼓励智能化创新，力争到 2030 年实现把我国建设成为世界主要人工智能创新中心的宏大目标。

自 2016 年初始，国内智能包装技术就开始迅猛发展。根据 SooPat 的查询数据，2016 年以来，中国智能包装行业专利申请数量达到 136 件，2017 年是 155 件，截至 2018 年，国内有关智能包装的专利申请数量达到了 567 件。伴随我国制造业的快速发展，中国包装产业产值在 2013 年突破万亿元规模后，预计在 2020 年将拥有超过 2 万亿的市场规模，其中智能包装市场规模预计近 2000 亿元。中国国务院印发的《中国制造 2025》战略纲领提到，智能制造是新一轮科技革命的核心，也是制造业数字化、网络化、智能化的主攻方向。智能包装（Intelligent packaging）已经成为包装业热点趋势与行业发展的新方向，智能包装广告引发现代包装业、现代广告业新一轮技术革命与新一代产业革新。

包装工程是一个多学科交叉的应用型学科，其通过包装材料与其他学科技术间的交叉与跨界应用、采用创新的思维获取了更多的技术。而智能包装则是在具备基础包装功能后，又能够感知、监控、记录以及调整产品所处环境的相关信息以及功能，可将信息便捷、高效地传递给使用者；使用者并可与之进行信息交流沟通、易于触发隐含或预制功能的包装总称。智能包装技术主要涉及保鲜技术、安全溯源技术、无线射频防伪识别技术、二维码技术以及包装性与结构创新等网络与智能技术。

智能包装广告文化（Culture of Intelligent Advertising on Packaging）是兼有技术特征、社会心理特征与艺术交互力的跨学科研究，从智能化的视角出发，系统探究智能包装广告文化的概念、特征、技术路径，以及智能包装广告文化与品牌传播的关系，对智能包装广告文化的多模态话语表征与视觉隐喻进行研究，积极提升智能包装广告文化传播主体的综合素养，具有重大理论意义与实践价值。

一、包装媒介

包装物是信息媒介，也是传播载体，既有保护商品，也有传播价值的功能。工业革命引发巨大产业变革，印制包装渗入市场，在包装上印制商品信息，既区分商品，也生成了广告，扩散了品牌意识，包装品牌传播功能由此开始。在“眼球经济”的注意力稀缺时代，互联网经济拉动市场革新，包装广告有了双重角色，一方面作为运输包装的介质，传播包裹实体到消费者手中。另一方面作为

“富信息”（information-rich）交互媒介，具有高参与度、高辨别力与高认可度，立体建构和传播着商品价值。

广告（advertising）一词源于拉丁文advertere，指的是注意、诱导及传播，在中古英语时代，演变为Advertise，其含义衍化为“使某人注意到某件事”，或“通知别人某件事，以引起他人的注意”。直到17世纪末，英国开始进行大规模的商业活动，广告一词便广泛地流行并被使用。广义的广告，主要的特点为广告的内容和对象较为广泛，包括营利性广告和非营利性广告。狭义的广告，则单指营利性广告。营利性广告旨在藉由广告推销商品、观念和劳务的过程，获取利益，而非营利性广告则为达到某种宣传的目的。以行动目标角度而言，前者以激发购买行为和行动之商业效果为目标；后者则为激发大众情感，使其采取行为和态度。

美国广告协会对广告的定义是“广告是付费的大众传播”，其最终目的为传递信息，改变人们对广告商品之态度，诱发其行动而使广告主得到利益。《中华人民共和国广告法》对“广告”的定义是：商品经营者或者服务提供者承担费用，通过一定媒介和形式直接或者间接地介绍自己所推销的商品或者所提供的服务的商业广告。

媒介与商业的发达催生了广告产业的辉煌，广告在大众传播媒介的加持之下具备了强大的说服功能，它利用传播媒体来传播其商品服务或观念，进而达到销售的效果。进入智能时代，人工智能技术、物联网技术、5G技术等正在通过各种各样的路径与方式，以迅雷不及掩耳之势飞奔而来，为政治经济社会生活等展示出光怪陆离的华彩新章，带来智能信息分拣、智能信息输送、智能信息组合、智能信息拼装、智能信息传播等“媒体大脑”，创造出全新的智能广告新业态，开启了智能传播新纪元。

人工智能技术与广告产业不断融合，给现代广告产业带来了天翻地覆的裂变。人工智能技术逐渐显示出在广告领域的特殊张力与创造力，视频直播弹幕广告、人脸识别广告、广告内容生成、广告精度搜索、追踪推送定位广告、信息即刻劫持广告、广告跨屏熔屏展现、广告音视频场景、高速移动终端应用等新型广告形式与应用，极大丰富了广告内容，实现了最佳、最优品牌形象铸造的理想化，达到了事半功倍的产品服务宣传效果，无处不在、无所不能、随心所欲并且至臻至美的智能广告时代呼之欲出。

二、包装广告文化

与此同时，大量传统广告的受众在媒介化信息的涵化之下迅速成长。他们一方面接受了环境生态主义与绿色主义的感召，反感过度包装；另一方面，随着受众对商品（主要是食品）安全素养和信息素养的提高，他们对包装广告的精度和美感都提出了更高的要求。智能技术与包装工艺的结合赋予了广告新的表现形态与传播效果，智能包装广告文化应运而生。

三、智能包装广告文化

本书认为，智能包装广告文化指的是“通过使用包括无线传感技术、模式识别技术在内的智能技术在商品包装封面进行可视化与数据化呈现，并将其与商品包装创意设计一起搭配组成的富信息的、多模态的、高交互的传播方式”。

从这个工作定义中，我们不难看出智能包装广告文化通常包含三点概念内涵：

（一）富信息（Information-rich）。现代通信业鼻祖香农（Claude Elwood Shannon）认为，信息是“用来消除随机不确定性的东西”，传播学中的信息则指“人类社会传播的一切内容”，信息是人类传播的基本材料。符号是人类传播的要素，是承载信息的象征物，信息的流通必须通过物质外壳的处理，即符号化才能得以进行。相比传统包装与传统广告，智能包装广告文化使用了大量的可追溯（traceable）符号生产了富信息，既涵盖了产品的名称、厂家等常规信息，也包括了产地、价格、质量、检测情况等可识别信息（identifiable information）。富信息不仅能让生产商的信息“透明”和可识别，经销商、批发商、零售商等中间环节（如果存在的话）也都可以全程呈现。

（二）多模态（Multi-modal）。探讨智能包装广告文化中的信息是如何呈现涉及符号和符号化（symbolization）。得益于多媒体、多维度和多模态的技术，智能包装广告文化可以将信息更动感地进行展示。智能包装广告文化不是数据信息的冰冷机械地呈现，而是与文本、画面、三维空间、虚拟现实、增强现实一起进行多模态呈现，极大地提升了符号化效果。

（三）高交互（Highly-interactive）。在传统媒体时代的广告传播中，受众被当成是一击即中的“魔弹”，“逆来顺受”，毫无情感。随着5G时代的到来，以及向B5G和6G的演进，新媒体在处理多媒体信息的时候更加游刃有余，久经压抑的用户在新媒体的激发下开始了不眠不休的互动盛宴，包装广告的“互动性”（interactivity）因此得到了极大增强。“扫一扫”“加一下微信”“码”上有礼等成为人们最常见的广告能指话语。智能包装广告文化既顺应了技术的发展趋势，也满足了这个时代用户的必然需求。

除了富信息、多模态和高交互等共性特征之外，不同智能广告在使用的介质、渠道、识别与传播方式等方面也有不同，但一般都使用大数据（Big data）、射频识别（RFID）、物联网、工业互联网、产业互联网、智能制造、增强现实、智能印刷、3D打印等新技术来生成多模态的广告话语与符号，来增强视觉形象和传播效果。接下来，我们将对智能包装广告文化的技术逻辑进行梳理与展望。

第二节　文化类型

广告文化指的是广告中所蕴涵的独特的文化底蕴，是广告中必然的构成要素之一。智能包装广告文化是智能技术与包装技术艺术化、商业化耦合之后的产物，是伴随着大数据技术的演进、智能终端与传输的成熟和日益分众的受众而逐渐兴起和成熟的广告文化。随着人们环保意识的逐渐增强，包装设计者不断将绿色理念融入产品包装中。选择环保材料、采用安全加工方法，将包装整个生命周期对环境的影响降至最低，是绿色包装倡导者追求的终极目标。基于此，许多包装设计者习惯从减量化、环保化、回收再利用等角度入手，寻求最佳的绿色包装解决方案。智能包装广告文化是人工智能文化与包装文化、广告文化的集中融汇，涉及绿色文化（绿色品牌、绿色创意、绿色材料、绿色运输、绿色循环、绿色营销），关怀文化（呵护物件、呵护产品、呵护温情、呵护联系），亲民文化（就地取材、奢俭由人、量身度造、地域特色、亲情联想），礼仪文化（画龙点睛、润物无声、礼义其中、情真意切），收藏文化（器物创意、器物材质、器物收藏、器物传承、器物展示）。

一、绿色文化

首先，智能包装广告文化首先也是最重要的是一种绿色文化。2013 年 9 月，习近平主席在哈萨克斯坦纳扎尔巴耶夫大学发表演讲，在回答学生关于环境保护的问题时说："我们既要绿水青山，也要金山银山。宁要绿水青山，不要金山银山，而且绿水青山就是金山银山。我们绝不能以牺牲生态环境为代价换取经济的一时发展。"习近平主席在 2015 年的博鳌亚洲论坛演讲中所言，"人类只有一个地球，各国同处一个世界。共同发展是持续发展的重要基础，符合各国人民长远利益和根本利益。我们生活在同一个地球村，应该牢固树立命运共同体意识，顺应时代潮流，把握正确方向，坚持同舟共济，推动亚洲和世界不断迈上新台阶。"

2016 年底，中国包装联合会发布的《中国包装工业"十三五"

发展规划》中明确提出了包装工业发展四大重点，即推动绿色包装持续发展、推动安全包装深入发展、推动智能包装快速发展、推动关键领域突破发展。在物流快递行业高速发展推动下，大量使用一次性快递包装及不可降解的封箱胶带，给环境带来了巨大的负担。据统计，2017 年中国快递业务量达到 400 亿件，包装快递所用胶带总长度可绕地球赤道 425 圈，但纸板和塑料的实际回收率不到 10%，包装物总体回收率不到 20%。数据显示，在我国特大城市中，快递包装垃圾增量已占到生活垃圾增量的 93%，部分大型城市这一数字也达到了 85% 至 90%。随着“两山论”“环境友好”等理念的不断推广，传统包装文化在智能技术的加持之下日益“绿色”。智能包装的“绿色”环保演进并不仅指包装本身，它对产品的原材料、加工环境、制备工艺、营销物料、运输环境等都提出了更严的“绿色”要求。简单说，从产品到服务、从创意萌发到生产流通至消费者再到回收再利用的全过程，传统环境下的过度包装和重复包装将不复存在，与此同时，“绿色”将如影随形。以牛奶、鸡蛋这些老百姓耳熟能详的日常必需品包装广告为例，有了底层数据的全程支持，智能包装就能做到从原产地奶牛和原产地母鸡到运输与销售终端的全程可溯化和可视化，在让老百姓安心的同时，也避免了对环境的不友好。得益于智能科技不断发展，包装不再纯粹承担保护商品的单一功能，而是成了万物互联的桥梁。包装行业在信息时代的功能和价值正在被重新定位。“以包装为载体，通过数字化与智能化技术手段，实现包装可视化，进而可助推实现供应链管理的可视化及高效化。”①

近年来，中国包装企业致力于智能包装科技创新，通过二维码、隐形水印、TTI 标签、智能传感、北斗全球定位等智能化、数字化技术应用，采集商品流通多个环节的信息、构建智慧物联大数据平台，使包装变成真正万物互联的载体，不断增强包装在防伪溯源、智能定位、信息决策、消费者体验、移动营销、品牌宣传、文化传播等方面的附加值，为供应链可视化和高效化管理奠定坚实的技术基础。“围绕减量、回收、循环等绿色包装核心要素，积极采用用材节约、易于回收、科学合理的适度包装解决方案，是当下包装用户和包装企业的发展方向。”② 以快递盒为例，目前裕同科技创新研发出的新型无胶带环保防盗包装纸盒，不仅无需胶带封箱，且只需 10 秒就能轻松打包，全封闭的箱体设计使其承压力增加 5 倍，能有效减少运输途中对物品的损毁。多位业内专家表示，要实现包装行业可持续发展，加速推进新材料研发与创新，增强包装企业自我创新能力，以高新技术与适用技术开发新产品是重中之重。以知名包装企业裕同科技为例，公司在环保包装方面已拥有保鲜包装和全生物降解塑料袋成熟的生产技术。自主研发的生物降解快递塑料袋在废弃后 6 个月内能完全自行降解，能广泛用于餐具、购物袋、快递包装袋等多种类型产品，部分包装产品已在生鲜原产地、生鲜

---

① 《科技创新让包装行业更有“内涵”》，2018 年 7 月 18 日，中国经济网，http://www.ce.cn/macro/more 201807/18/t20180718_29783874.shtml。

② 《科技创新让包装行业更有“内涵”》，2018 年 7 月 18 日，中国经济网，http://www.ce.cn/macro/more 201807/18/t20180718_29783874.shtml。

电商、物流电商中广泛应用。

二、关怀文化

智能包装广告文化是一种关怀文化。技术哲学有工程学传统与人文主义传统两大传承。工程学的技术哲学着重从内部分析技术，体现的是技术自身的逻辑；而人文主义的技术哲学侧重于从外部透视和解释技术，展现的是技术与社会文化之间的互动。从价值取向来看，工程学的技术哲学具有为科技直接进行辩护的色彩，把用技术来认识世界和改造世界事先假定为一种合乎道德的伟大事业；人文主义的技术哲学则首先质疑上述基本假定，对近代技术和工具理性展开批判，而试图为人及其价值优先性进行辩护。从论证旨趣来看，工程学的技术哲学专注于技术的细节，坚信由技术的自然逻辑必然导向技术的价值逻辑，即由技术的实然去直接推断技术的应然；人文主义的技术哲学则专注于技术的社会属性和技术的意义，努力克服对技术的盲目崇拜，而对技术细节的了解不甚着力。在我们沉迷于享受现代技术与工艺带来的“现代性”便利的同时，我们不应忘掉技术的“初心”。任何技术都不能脱离了“人”“人性”“人文”这些初心。互联网是连接人的网，具备“人性”。智能包装广告文化的关怀性是对互联网人性的一种回归。智能包装广告一定是具有强烈的人文社会关怀的关怀文化或呵护文化。智能技术的目标并不是将用户发展成“单向度的人”，而是需要积极利用大数据、移动互联网、云计算、物联网等技术来对包装进行智能赋权和智能呵护，包括呵护物件、呵护产品、呵护温情、呵护联系等。智能向度的包装技术与包装广告不应该成为影响人际关系、友情亲情的冰冷物件，应该成为维系甚至促进友情、亲情、温情、感情的新工具。在社交媒体间，一条较好的智能包装广告链接可能随手就会被发至个人自媒体（微博、朋友圈等），在对此链接的二次转发、点赞和评论的过程中，强链接与弱链接的人际关系与圈层都可以被强化，从而实现罗杰斯笔下的“创新的扩散”。智能包装广告由于应用了后台数据和智能技术，不仅更安全，更防伪，还会让包装更“聪明”，比如 RFID 与可变数据条形码，产品随时可追溯；聪明的包装，提醒病人服药时间与服药剂量等。由中国包装联合会和励展博览集团强强联合打造的 PACKCON 中国包装容器展，集中展示纸、塑、金属、玻璃等材料的包装及容器，已经成了我国专注于全品种包装容器的权威展示平台。

三、亲民文化

智能包装广告文化是一种亲民文化。当代产品包装除了环境友好型（Environment-friendly）指标外，也越来越重视用户友好型（User-friendly）这一指标。智能包装广告文化是用户友好的，是亲民惠民的。现代智能包装通常就地取材，奢俭由人，根据用户需求进行自定义的量身度造，充满了个性化与地域化特色。相比于传统包装广告的“单向度”“冷冰冰”“一成不变”，智能包装广告更加充满了互动感和人情味，也更具备了亲民的分众效应。以传统电视广告为例，其被人诟病的重要原因是缺乏亲民惠民性和分层分类性。智能包装广告文化在大数据与物联网技术的支持下将会实现“物以类聚”的个性化与群体性聚合，打造具有较高用户黏性的广告体验。年轻人喜欢的饮料瓶包装上通过手机扫码之后形成的互动内容一定与偏好茶饮的用户的内容不一样。当下的智能包装广告文化在基于用户体验的智能定制方面已经有了非常成功的尝试，故宫“中国风”文创产品包装、三只松鼠零食大礼包、农夫山泉猪年庆典瓶、Dior 圣诞限量款产品等都是体现智能包装广告亲民文化的优秀案例。

四、礼仪文化

智能包装广告是一种礼仪文化。仓廪实而知礼节，衣食足而知荣辱。已经演进到智能时代的包装广告不可能忽视礼仪礼节(etiquette)。但与传统包装的奢华富贵不一样，智能包装广告是一种“知人心声”的礼仪文化。在不侵犯个人隐私和固守法律边界的前提下，智能包装广告将通过技术手法多方位多维度多效能地采集到数据从而形成较准确的后台用户画像之后进行前台推送。在受众需求日益碎片化和多元化的时代，智能包装广告将知晓人心，润物无声。当我们的亲朋好友收到这样礼“精准”、情“深重”的产品包装之后，很容易产生移情共振效果。近些年，改变传统茶叶包装、缔造销售神话的小罐茶，抓住单身人士、结合包装创新营销的“单身粮”，巧妙循环利用包装、引爆科技和创新超新的必胜客巧妙地利用了智能包装技术在情感维护与仪式感塑造等方面皆做出了不俗的创意。包装，成了品牌背后的“品牌”。

五、收藏文化

智能包装广告文化还是一种收藏传承文化。随着先进材料与工艺与智能包装技术的双向耦合，智能包装广告文化还营造了一种数字媒体艺术的美感。大量包装器皿与智能文化一起生成或流行或古典或后现代的创意，器物收藏与器物展示将迎来新的春天。以中国传统文化为例，我们将发掘更多的传统经典传承的新载体、新样式。传统文化在面对新一代受众的时候通常面临传播方式断层的窘境，基于互联网的“后喻文化”更是让传统“父权”式的说教传统失去了依存的土壤。但是，随着虚拟现实（VR）、增强现实（AR）、混合现实技术（MR）、全息展示技术等技术的发展，智能包装广告极大地拓展了我们对传统文化的认知与热爱。人工智能（AI）、大数据（Big Data）和云计算（Cloud Computing）的“ABC”式耦合能够深刻提升我们的表达和认知水平，带来多模态、全维度、更精细颗粒度的信息和感官体验。

我们以传统故宫新“文创”为个案，分析智能包装广告收藏传承文化的巨大价值。故宫博物馆前馆长单霁翔主政故宫之后，积极利用大数据、社交媒体等技术为传统故宫的新“文创”注入了令人惊诧的活力，在传承了故宫魅力与中国文化的同时，还收获了巨大的商业成功。2014 年，故宫淘宝微信公众号刊登了《雍正：感觉自己萌萌哒》一文。此文迅速成为故宫淘宝微信公众号第一篇“10万+”爆文，雍正皇帝也借此成为当时的热门“网红”。同一年，故宫文创相继推出“朝珠耳机”“奉旨旅行”腰牌卡、“朕就是这样的汉子”折扇等一系列产品。“朝珠耳机”还获得“2014年中国最具人气的十大文创产品”第一名。2018年5月18日，在故宫文创产品专卖店前，一款3D明信片自动售货机格外引人注目。作为一个拥有近600年历史的文化符号，故宫拥有众多皇宫建筑群、文物古迹，成为中国传统文化的典型象征。近年来，在文创产业带动下，故宫化身成为“网红”。到2018年12月，故宫文化创意产品研发超1.1万件，文创产品收入在2017年达15亿元。2018年，故宫相继推出6款国宝色口红以及“故宫美人”面膜，引发市场一片哄抢。2019年元宵节前夕，一条关于故宫的消息瞬间点沸了整个北京：故宫博物院将在正月十五、十六免费开放夜场，举办“紫禁城上元之夜”文化活动，用灯光“点亮紫禁城”。这也是故宫博物院建院94年以来，首次接受公众预约在晚间开放，在社交媒体中赢得了超高的关注热度。

故宫定位于“根植于传统文化，紧扣人民群众大众生活”原则，做出许多社会大众能够乐于享用、将传统文化与现代生活相结合的产品。例如故宫娃娃系列，因具有趣味性而受到青少年消费者喜爱。手机壳、电脑包、鼠标垫、U盘等，因具有实用性而持续热销。人们在参与故宫博物院的媒介实践的同时也在不断地与故宫，与北京进行互动。每一座博物馆其实都在述说着不同的故事，每一个故事都承载着传统历史在当下的意义，建构了集体的记忆。北京作为中国的首都，故宫处在北京中心的一点，也因此，这座博物院成为一个媒介空间，不仅讲诉着北京乃至中国的故事，更通过流动的网络，连接了人与城市乃至国家。故宫与新媒体技术的结合使故宫这一实体空间成为一个网络节点，这个节点与其他空间，与整个城市形成互联状态，生产出了更碎片化和具有复杂意义的空间。根据列斐伏尔（Lefebvre）的观点“空间充满了社会关系，它不仅得到社会关系的支持，而且还能够生产社会关系并被其所生产”。故宫不仅仅在扮演一个单一博物馆的角色，更展现了城市中人们的生活方式以及人们的审美需求。

第三节　品牌传播

智能包装是一种可以感应或测量环境和包装产品质量变化并将信息传递给消费者或管理者的包装新技术。随着现代大工业生产迅速发展，机制木箱、长网造纸机、镀锡金属罐、瓦楞纸、制袋机、合成塑料袋（赛璐珞）和瓦楞纸箱等包装产品、包装材料、包装机器相继涌现，电子技术、激光技术、微波技术广泛应用于包装工业，为现代包装科技、现代包装创意、现代包装艺术、现代包装广告等的叠加交织穿插一体化发展创造了条件。在智能算法与自动化技术的赋权下，人工智能开始在与包装场景、包装技术、包装材料、包装艺术等全面融入并大展身手，包装广告的适用范围得以巨量容展，单一物件的包装广告智能化“串联”“并联”为智能包装广告，智能网络 Banner 广告、智能无人飞机组构而成的城市形象包装广告、地铁隧道智能场景广告等智能包装广告成为包装行业、广告行业的新宠新潮，真正发挥出时代特色鲜明的超级包装广告动能与特效价值。

传播学媒介环境学派认为，媒介技术构建的环境机制，可以改变或重组人类社会的交往模式、工作模式与教育模式。① 日趋成熟的大数据及物联网技术，在 5G 等先进的传输技术助力下，将刷新自古登堡印刷术问世以来的时间观与空间观，永远在线、在场，改变传统广告中的传受关系，真正实现了“包装”与“广告”的无缝结合，在迎来具有实质意义的无处不在的智能包装广告应用与发展的同时，也寓广告说服于轻松参与之中，营造了有利于品牌传播的智能包装文化。我们先来了解一下智能包装广告领域拓荒式但却是具有无比创造性的尝试。

一、国际品牌文化传播

奢侈品品牌 Dior 基于虚拟现实技术推出的自主品牌的 VR 设备 Dior Eyes，用户通过 VR 设备就能享受到在现场欣赏服装秀的新奇体验。哈根达斯冰淇淋的用户在等待冰淇淋入口的两分钟内，可以使用手机扫描任意哈根达斯的商标，就会出现一个虚拟音乐家演奏两分钟。智能广告让等待变得兴趣盎然。

① ［加］马歇尔·麦克卢汉、斯蒂芬妮·麦克卢汉、戴维·斯坦斯：《麦克卢汉如是说：理解我》，何道宽译，中国人民大学出版社 2006 年版，第 136 页。

二、国内品牌文化传播

国内商家也不遑多让。2017年，网易云音乐与农夫山泉展开跨界合作，完成了一次智能包装广告的伟大实践。网易云精选30条用户乐评，印制在了4亿瓶附带有AR技术的农夫山泉天然饮用水瓶身上。这款瓶身用网易云音乐的黑胶唱片拼成农夫山泉的山水LOGO，配上走心的广告语词评论，营造了一种富有时尚感和青春气息的多元符号组合。当网易云用户兼农夫山泉消费者扫描黑胶唱片图案后，手机界面会自动出现一个沉浸式的星空场景，点击其中出现的星球就会弹出随机乐评，适时跳转至相应的歌单，无需下载即可获得完整的音乐体验，音乐体验与产品营销在智能包装演绎下浑然天成。

2017年5月，阿里巴巴智能平台推出了1秒钟制作出8000张海报的AI鲁班，神兵天降一般打破了电商广告的宁静。在2017年"双11"期间，中国独创的AI鲁班"轻描淡写"创作出4亿张网络广告Banner。按照一张网络广告Banner最短耗时20分钟计算，这项工作需要100个设计师不眠不休工作152年，让全世界广告设计师们感到了瞬间被掏空随时被取代的空前恐慌。一年之后，中国制造在智能传播领域再展神功，"阿里AI智能文案"在戛纳国际创意节上给了全球创意精英一个巨大的震撼——一秒钟之内按照设计者要求完成2万条文案。

同年，美盈森着力建设智能包装物联网平台，将包装打造为超级信息媒介，并借此进军大数据领域；奥瑞金和昇兴股份在"一罐一码”业务上发力，并基于二维码的流量入口作用在经营模式上创新。

三、智能包装文化创新

智能包装广告业态带来了智能包装文化与品牌传播的极大创新。传统广告被人诟病的主要原因是其枯燥且没有美学创意的重复。这种基于“刺激—反应（Stimulus-Response）”行为主义心理学将受众默认为毫无反馈的机械对象。当年在中国卫视上高频率出现的“黄金搭档”“脑白金”都是此类广告的典型代表。在资讯匮乏，尤其是排他性广告环境下，此类广告的确取得了巨大的成功。但是，我们需要注意的是，智能包装广告传播的环境与面对的受众皆发生了巨大的变化。当下的媒介环境已经从之前的广播电视演进到了基于智能终端、社交媒体和可穿戴设备的“泛在（ubiquitous）”媒介时代。中国学术界常使用的“新媒体”一词在西方学术界常指“数字化媒体（Digital Media）”。Web1.0 就是以“数字化”技术为技术特征的，数字化相对于之前的模拟信号是一次巨大的进步；Web2.0 的发展依赖“网络化”技术，“云”技术是其最重要的支撑；而当下方兴未艾的社交媒体盛况得益于智能传输技术与智能终端的成熟，从内容生产到社交式分发皆带有明显的“智能化”特征。值得一提的是，基于智能算法的个性化推荐、群体性推荐的社交媒体面对的是经过技术演进涵化而来的新受众。他们享受网络赋权之下的肆意表达，按照自己的偏好来选择社交媒体，并以一种“去中心化”的方法生产、传播和消费内容。随着传输技术不断成熟，社交媒体拥有了文字、图片、视频一体化的多模态传播效果，受众也正式从文字语音传播时代进化到了自媒体视频传播时代。①

自20世纪舒尔茨（Don E.Schultz）提出整合营销理念以来，企业都在寻求品牌传播的最佳方式和效果。品牌接触点是整合营销理念的具体化，每个接触点都是一个独立的传播载体，消费者在每个接触点接触到的品牌信息都是对品牌形象的具体感知。在信息爆炸的时代，传统媒体与新型媒体互相交织，品牌接触点信息传播失真和紊乱现象时有发生，影响品牌整合营销的效果，影响品牌的形象树立，影响品牌核心价值的传播。而基于智能包装与智能广告的品牌传播则规避了传统广告与营销的掣肘。

于智能包装的设计者和传播者而言，这是一种新型的“参与式”品牌传播文化。传统包装广告也在表征品牌，但是品牌传播是单向度的，较少互动与参与。在传统包装广告时代，铁杆受众也会收藏包装印刷精致、彰显工业设计美学的包装物。诸如宝马蓝天、白云和旋转不停的螺旋桨LOGO包装物、可口可乐独特字体LOGO包装物就曾引得无数收藏家的青睐。相比之下，智能包装广告文化则是永远“在线”，泛在无线技术与智能终端使得受众随时在线参与；而得益于虚拟现实（VR）、增强现实（AR）和混合现实技术（MR）的发展与成熟，大量用户可以在多维空间里实现永远“在场”，极大地增强了使用黏性与用户体验。大量“自来水”“路转粉”式的

① 李炜炜、袁军：《融合视角下的媒介素养演进研究：从1G到5G》，《现代传播》2019年第9期。

参与式互动赋予了智能包装品牌以裂变式社交传播，容易产生“瀑布效应”。社交媒体时代的智能包装文化大多组建了媒体矩阵，线下的实体（物）、线上的展示、从平面媒体到微博微信公众号的媒体矩阵被有机整合，建构了一张巨大的“网络”，巧妙地与用户前台建构自我呈现的心理需求耦合产生了“化学反应”。

当然智能包装广告并不是完美无瑕。国内一窝蜂地“无包装不智能，无智能不包装”式的盲目上马项目，不仅会造成资源的巨大浪费，也不利于培养良性的竞争业态。对于智能包装技术的粗糙应用并不会带来销售量和美誉度的大幅度上升，因为在智能包装广告文化中的重要关键点并不是技术，而是人。所以，在第四节，我们将对智能包装广告文化中的受众进行分析。

第四节 文化受众

商业广告是广告主在付费的基础上通过大众传媒经由说服来推销自己产品和劳务的传播行为。说服是一切广告的核心，其他的一切都是说服的手段，而广告就是一种不折不扣的商业说服文化。不论是在传统营销手段中的审美说服还是在智能包装广告中的情感说服中，受众始终是最重要的一环。了解受众需求成为智能包装广告文化理论研究、广告投放效果评估等研究的重中之重。

如前文所述，智能包装广告面对的受众是经历了“数字化—网络化—智能化”一路演进涵化而来的新受众。根据中国互联网络信息中心（CNNIC）发布第45次《中国互联网络发展状况统计报告》显示，截至2020年3月，我国网民规模为9.04亿，互联网普及率达64.5%，其中，年龄在20—29岁的青年群体网民占比最高，达到了21.5%。新媒体、社交媒体的“去中心化”和“再聚合”使得新一代网民不再满足于简单地广告刺激，转而寻求更加实时、双向、互动的个性化广告体验和自我呈现。

一、创新的扩散

我们先来看看微信智能广告的案例。2015年起，微信朋友圈开始推行商业广告，首批推出的广告有可口可乐、VIVO智能手机等。经过了几次的产品升级和迭代，现在的微信朋友圈广告愈发智能、精准，亦更人性化。微信朋友圈广告与正常的朋友圈信息类似，以静态图片或者短视频的形式出现，通过点开链接即可跳转至广告完整界面或者直接购买商家产品或服务。用户可以通过点击广告右上角“不感兴趣”的标签删除此条广告推送，也可通过点赞、评论等社交行为与广告进行互动。从传播效果来看，用户与广告的互动会在收到同样广告的好友朋友圈中显示，起到了在好友圈内的共鸣和传播效果。值得一提的是，新版本的微信朋友圈广告常调整算法，“邀请”产品或服务的广告代言人（明星）直接进入朋友圈广告社交圈层，相当数量的微信用户点赞并与广告代言人互动。这种将明星效应、大众传播、人际传播、网络传播整合的智能广告业态轻松实现了营收增长、精准推送和品牌传播的目的，实现了罗杰斯笔下的“创新的扩散”。

二、受众的演进

从之前对粗俗广告语的反感与抵触到现在主动参与广告互动和社交式分发的演进中，我们发现智能包装广告的发展与进步与受众演进密切相关。本书将从美学、社会心理学与健康传播三个角度来对受众进行探讨。

与原始包装的功能性侧重和朴素美学相比，智能时代的受众拥有的是被现代工艺美学熏染下的数字媒体艺术思维。智能媒体现代广告交互性设计在数字时代中表现为独特的、新颖的信息传播方式，传统的、单一的现代广告已不再适应瞬息万变的信息时代，动态、多维、交互的现代广告吸引了人们的眼球，具有独立审美价值的、有时代特色的交互性设计现代广告作品颠覆着我们对于传统广告的认知。设计者使用从机械封包到 3D 打印等在内的各种技术，借助视觉形态拟人化、表现手法夸张化、主题彰显隐喻化等手段，将现代工艺与艺术审美巧妙地结合起来，既充满情感与趣味，又有深刻文化的图形，从而迅速打动受众。不过，让人唏嘘不已的是，尽管从个体层面来看，每一个用户的审美都不尽相同。但借助大数据算法，智能广告主其实还是很容易发现用户的地域、性别、年龄和其他的人文地理特征，从而容易生成用户群体画像，做出更加精准的用户推荐和用户引导。从这个角度来说，即使在彰显个性的用户生成内容（UGC）时代，广告的威力依然强大。

从社会心理学的角度出发，同一类群体内的朋辈压力（peer-pressure）和影响依然巨大。受众在被某一类智能包装广告吸引、参与、消费等一系列过程中，也在建构着自我的前台形象，实现自我和群体的身份认同。在用户时间、事件乃至社会都日益碎片化的时代，凭借独特资源打造的排他性唯一广告信源越来越少。智能包装广告的风靡在某种程度上得益于社会的群体心理。对于目标群体的历史、政治、社会经济、文化观念、审美活动以及艺术设计发展状况等因素的准确把握，将有助于更好地商业推广与品牌传播。

从20世纪90年代中期中国开始正式接入互联网开始，三十多年的科学普及与健康传播启蒙、涵化了消费者对于健康的深刻认知。食品安全、疫苗风险，乃至反对建设化学工厂的环境保护和健康社会动员等事件都反映了人们健康意识的觉醒与健康素养的提高。在某种程度上，为数不少的受众正在经历健康素养从自发到自觉的演进，外在驱动的强迫素养正在变成一种内化于心的自觉修养。智能食品包装广告的可视化、全程追踪等特点契合了受众对于健康与环保的日益重视，从而进一步成为促进智能包装广告蓬勃发展的外源性动力。由于健康和环境议题常涉及较为复杂的专业技术知识，且常常伴随着风险和危机，受众立场常常高度依赖专家信源，态度常与专家一致，容易形成重专业崇权威的“科技范式”。所以，很多主打“绿色”“有机”“生态”等概念的包装产品尽管在价格上高出普通产品不少，但是依然赢得了为数不少的受众青睐。

三、新文化语境

从上面的分析，我们不难看出，智能包装广告语境中的受众不仅具备传统受众的特点，也呈现出新语境下不一样的新特点。社交媒体的赋权使得受众能够充分施展自己的社交属性与能指狂欢。受众即用户，内容消费者又是内容生产者。智能包装广告的成功离不开受众作为重要因素的参与，只有这样才能真正产生“创新的扩散”。受众是个性的，也是群体的；是静态的，也是动态的。学术界对于智能包装广告中的受众分析一定要与时俱进，常变常新。我们应该积极更新研究方法，对产生大量的数据以及用户复杂的消费行为路径进行大数据归因分析（Attribution Analysis），建构新的分析模型；我们还应该积极利用基于计算机的对广告受众的情感分析，可以使用眼动仪、计算机情感语料库技术等对受众的文字、提问等进行实时的多维度情感语义分析，提升包装广告的有效性和到达率；我们应该翻转之前的“从上至下”式的质化研究，演进成融合“从上至下”和“从下至上”相互融合的质性良好的融合研究，只有这样，才能实现智能包装广告文化的良好生态。

根据 PubMatic2020 年发布的最新的《2020 年第一季度移动广告变化趋势》，2020 年第一季度移动广告行业出现了三个重要的趋势性变化：一是从 PC 端到移动端，广告迁移的步伐正在加速。与其他广告形式相比，移动广告受疫情的影响较小，全球移动广告支出总额下降了 15%，而全球 PC 端广告消费额则下滑了 25%。二是应用内广告市场（PMP）支出在全球多数区域内呈增长态势，受到更多广告主的青睐；而公开市场似乎已被“遗弃”。三是移动视频广告的收缩幅度超过展示广告。疫情期间，在广告主大幅削减支出的情况下，移动视频广告首当其冲。智能包装广告作为特定的广告业态，也遵循着移动广告发展的一般性规律。随着受众的互联网水平越来越高，智能包装广告或者说包装广告的智能化转型的步伐，需要跟得上受众迁移的速度。智能包装广告需要在内容及产品创新、技术加持、营销升级等方面加大力度，才能渡过疫情难关，才能持续发展。

尽管智能包装广告属于跨学科研究，但是在多个研究边界中，广告依然是重中之重。我们需要尊重广告学的基本原理，围绕智能包装广告的理论研究，既然是广告界包装界新闻传播界的学术研究高地，自然应该立足于“广告”，深植于“广告”并深耕“广告”，系统深究“包装”中广告渊源、广告背景，全面挖掘“包装”的广告潜资、广告价值，将“广告”的文章做深做透做到一种更高境界。与此同时，要求包装界时刻牢记“广告思想”“广告意识”，在包装材料、包装创意、包装仓储、包装装卸、包装盘点、包装码垛、包装发货收货、包装转运以及包装销售等各个环节都要做足做透“广告”功课，把人工智能技术灵活机动运用到广告元素之中。

我们应该牢记“广告以人为本”的古训，回归智能包装广告文化的“人性”。在智能包装理论研究部分，就要形成以研究消费者心理为切入点，进行准确设计定位的研究发展趋势。消费者对商品的认知开始于消费者身边各种关于商品的认知情境，不断地接收到关于该商品的信息符码，并对其进行解码。在这一过程中，形成了消费者对该商品的认知结构，解码成功的信息就成了认知结构中的知识基础。除了广告营销学，我们还应该综合美学、社会心理学与健康传播等知识对消费者认知商品的过程、认知结构形成的过程、认知情境中信息组合方式等方面进行研究，从而分析消费者对商品认知形成的规律。通过引入企业价值工程等经济学相关理论，讨论如何通过遵循消费者对商品的认知结构形成规律组合消费者对商品认知情境中的信息组合方式，利用公司有限成本，以最小的成本创造最大的消费者认知价值，达到产品和服务销量增加和企业盈利的目的。

随着人工智能技术与物联网、大数据、云计算等技术的有机耦合，当越来越多的受众、用户不仅是广告产品和服务的消费者，也成为广告产品和服务的内容生产者、监督者、评价者、分发者的时候，智能包装广告的繁荣生态将会来临，智能包装广告文化也将有更大的吸引力。

第五章 智能包装广告伦理

人工智能技术与5G赋能叠合加持，带给了全人类社会、经济、文化、生活、军事、外交、体育等各领域各行业的深刻变化，演绎出能量巨大的光怪陆离场景故事，衍生出众多难以料想的新生人物、新生事物、新生现象。这些镌刻着5G智能烙印的人物现象事物，不断模糊物理世界、现实世界和虚拟世界的概念边界，模糊群体和个人、男人和女人、老年和青年、亲人和陌生人、城市人和乡村人、同族和异族之间的传统界限，不断刷新人们的认知观念、思维观念、价值观和人生观，有时改变甚至颠覆既有的工作关系、上下级关系、尊卑长幼关系等社会关系，进而引发出一长串一系列复杂的社会问题、伦理问题、法律问题和安全问题。

人工智能技术已经开始影响到新闻传播界进而波及包装行业、广告行业，重塑新闻传播人员、包装从业人员、广告产业人员等的人类劳动、机器劳动以及人类劳动机器劳动联合行动的工作关系，给包装行业、广告行业生产链条、传输链条、反馈链条等整个体系带来巨大变化，动摇着相关决策管理者的思维意识和管理风格定位，随时随地反转倾覆着新闻传播行业、包装行业、广告行业全体人员及受众消费者的价值取向，考验着全生产线、全产业链的每一个人的灵魂，不断挑战着诸如社会、生活、隐私、责任、伦理、法律、心理等概念内涵。智能机器人广告创作让广告人浮想联翩又顿觉危机四伏，智能新闻主播仪态万方魅力毕现引发大量广告代言人下岗风险，智能场景假戏真做并且以假乱真叫师徒世代相传的工匠精神情何以堪，智能机器人信息推送、智能机器人信息纠错及广告信息、广告客户信息反馈等足可以取代兢兢业业以此谋生的大批技术员工。这些初见端倪又真真切切的广告智能化例证，是人类智慧的集中表现，是人类向往未来的想象力、创造力无限延展扩张的大荟集，构筑成智能包装广告社会“万花筒”。专家预测，20 年后人工智能的IQ将达到10000，是全球顶级科学家或艺术家IQ的50倍，智能机器人（含工业机器人、服务机器人、智能驾驶汽车等）的数量将达到 100 亿台以上，超过全球人口的总量。如果预想成真，人们对人工智能的担忧隐忧会在一些领域成为梦魇般的可怕现实，会在包装行业广告行业引发一系列理论问题和社会问题。

智能包装广告伦理是一个时代发展和技术进步倒逼出来的新学术命题，可能会释放出智能包装时代、智能包装广告时代的多重含义，一是哪些包装材料颠覆了人们惯有的伦理准则且应该如何约束和管控；二是人工智能技术带给包装广告哪些新的社会现象，出现了哪些营销伦理新动向新问题；三是如何评价包装科技进步带来的伦理冲突、现代包装科技发明创造应遵循哪些基本原则；四是包装广告的宗旨是最大限度昭告包装信息与自觉接受伦理道德的约束监督的天然矛盾如何化解。本章拟从塑料包装、智能渗透、包装内容和快递包装等现阶段几个矛盾尖锐的包装伦理入手，尽可能揭开智能包装广告深藏的伦理谜团。

第一节 寻根逐源

人类在享受大数据时代信息分享的便捷性之时，个人隐私家庭隐私等信息安全受到了前所未有的威胁。我国有着全球最便捷的高铁网高速公路网组织而成的交通基础设施产生的巨大物流，有着全球数量最多网络最发达的电信通信基站产生的巨大信息流，还有全球最庞大最便捷最完善的电子支付体系所产生的巨大数据流。我国整体技术创新优势紧密连着天量级别的物流、信息流、数据流，共鸣共振出全球数字经济最为活跃最具世界经济推动力的中国经济引擎现象。百度、阿里巴巴、腾讯、京东和美团等公司通过拥有海量用户资源的平台，结合大数据、算法等人工智能技术的推动作用，在内容制作、广告投放、议程设置等方面提高效率节约成本并获得更好的传播效果。

一、伦理脉络

伦理是什么？亚里士多德把它界定为反映和调节人们之间利益关系的价值观念和行为规范的总和，包括源于文化传统的社会正当精神权利、责任和行为模式。在古代中国，伦理内涵有天、地、君、亲、师五天伦和君臣、父子、兄弟、夫妻、朋友五人伦。在当下，伦理包括信息伦理、技术伦理、媒介文化传播伦理等方面。伦理有三个层次：第一层是基于个人心性和人格层面的美德伦理，第二层是基于社会实践和交往层面的规范伦理，第三层是基于人类终极关怀的理想或信仰伦理。三个伦理层次由小至大，从个人到社会再到终极关怀最终形成一个完整的伦理框架。

当代“伦理”概念蕴含着西方文化的理性、科学、公共意志等属性，而“道德”概念蕴含着更多的东方文化的情性、人文、个人修养等色彩。“西学东渐”以来，中西“伦理”与“道德”概念经过碰撞、竞争和融合，目前二者划界与范畴日益清晰，即“伦理”是伦理学中的一级概念，而“道德”是“伦理”概念下的二级概念。二者不能相互替代，它们有着各自的概念范畴和使用区域。

人工智能伦理是指基于人工智能技术的人与人、人与智能系统以及人工智能与国家政府、人工智能与社会、人工智能与企业以及人工智能与媒体之间等各种关系相处的道德规范和行为准则。2019年4月8日，欧盟委员会发布《人工智能伦理准则》，旨在提升人们对人工智能产业的信任。同时，欧盟启动人工智能伦理准则的试行阶段，邀请工商企业、研究机构和政府机构对该准则进行评价与检验。根据欧盟官方解释，“可信赖的人工智能”有两个必要的组成部分：一是应尊重基本人权、规章制度、核心原则及价值观；二是应在技术上安全可靠，避免因技术不足而造成无意的伤害。如果人工智能在未来诊断出一个人患有某种病症，欧盟准则就是要确保诊断系统不会做出基于患者种族或性别的偏见诊断，也不会无视人类医生的反对意见，患者可以自行选择诊断结果的解释或披露。中国的百度、阿里巴巴、腾讯、京东、美团及美国的脸书、谷歌、推特和微软等都拥有很强的人工智能技术能力，世界上有几千万家公司、组织、机构都在开发应用人工智能技术。怎么能够让所有企业所有人都平等地获取 AI 技术，防止因技术的不平等导致人们在生活、工作各个方面变得越来越不平等，就是一个智能化时代伦理的重要命题。

国内外学者近年来对人工智能影响社会关系、影响产业变局、影响传播革命等问题密切关注持续升温，对人工智能伦理有着与业界不完全一致的理解。美国科罗拉多矿业大学技术哲学家卡尔·米切姆（Carl Mitcham）指出，在当前有关智能主体、深度学习、大数据以及通用人工智能等新一波人工智能热潮中，哲学的职责就在于帮助我们去察觉包括人工智能在内的新技术的黑暗的一面。新加坡国立大学葛树志教授观察到，人工智能已经开始用于解决社会问题，各种服务机器人、辅助机器人、陪伴机器人、教育机器人等社会机器人和智能应用软件应运而生，各种伦理问题随之产生，人工智能伦理属于工程伦理，过度依赖社会机器人将带来一系列的家庭伦理问题。中国人民大学一级教授刘大椿认为，对高科技的人文思考包括伦理考量有其局限性，往往陷入非黑即白窘境，哲学社会科学界应该紧跟新一代人工智能的发展，持续跟踪和评估人工智能研究的进展和问题。上海社科院成素梅教授强调，人工智能的广泛应用对人与工具二分的本体论假设提出了挑战，需要制定人工智能的职业伦理准则，为防止人工智能技术的滥用设立红线，提高职业人员的责任心和职业道德水准，确保算法系统的安全可靠，使伦理准则成为人工智能从业者的工作基础。

智能包装广告伦理源自包装与人工智能的双重基本特性基本属性，无论是包装广告传播资讯的内容还是传播送达的过程，都深受社会伦理、道德、规范等基本准则的制约。智能包装广告作为新型广告信息媒介，因人工智能技术所携带的特殊因子引发出很多新的社会伦理问题，是传统包装伦理、传统广告伦理无从涉及甚至不可思议的。如世界各国由于政治体制、民族差异、历史渊源和文化心理的不同，对待长期以来社会问题的认识和理解存在偏差，智能包装广告将使文化霸权、文化认同危机、信息传播失衡、种族主义偏见等诸多广告信息传播伦理失范与处于困境的斗争现象更加激烈。在高度智能传播化社会中，包装广告媒介成为包装行业生产关系的连接者，数据成为新的生产资料，智能技术成为新的生产力，因此这种影响不是简单的技术叠加和变革，而是社会生产力、生产关系和生产资料的重大调整，一切颠覆性改变正式开始，整个社会的结构都将为之一新。由此，世界将呈现出与农业社会、工业社会和信息社会前期完全不同的运行法则、动力机制和行为规范，从而给上层建筑、大国关系、全球格局和人类命运都带来极其深远的影响。同时，智能包装广告赋予相关领域专家的“地位赋予”权力过大，有时候会威胁到自由和平等，极端情况下可能导致技术专家和机器乌托邦。各种用于传播的服务机器人、辅助机器人、写稿机器人等社会机器人和智能应用软件应运而生，各种伦理问题随之产生。人工智能伦理属于工程伦理，主要涉及遵循什么标准或准则来保证用户的安全，如 IEEE 的标准等。机器人伦理因设计者应用智能技术或操作者使用智能设备而发生关系，涉及人体工程学、生物学和人机交互等跨学科应用过程中的伦理规范问题，如果以机器为中心设计算法，则不可避免使传播落入以机器为中心，使人沦为工具的风险，带来社会风险，所以正确处理人机关系是破解机器人伦理问题的关键所在。①

由此可见，智能包装广告伦理指的是智能包装广告内容生产链条、传输链条、反馈链条以及智能包装广告产业链条的所有环节、所有元素上与伦理道德相关的人物信息或事件信息的基本要求、基本法则。智能包装广告伦理要求人工智能技术和设备的研发和相关产业的发展都要以国家保密安全、国家文化艺术安全为基础，呼唤公平正义，讲求风清气正，坚守良心底线、道德底线，遵循包装传播广告传播基本规律和行为准则，营造科学合理的智能包装广告社会环境。

二、以人为本

智能包装广告伦理，要充分考虑人的主体要素，以“人治”为宗旨，做到以人为本。起源于 14 世纪的“人本”思想历经坎坷，仍是当前社会发展的核心，这就意味着“人治”宗旨可以沿用到智

① 参见刘永谋教授：《技术治理、反治理与再治理——以智能治理为例》，中国社会科学院举办的“人工智能的社会、伦理与未来研究研讨会”上的发言，2019 年 4 月 20 日。

能传播伦理领域。处理好智能包装广告相关技术与人的关系，是人工智能时代包装广告信息传播秩序建构的重要命题。人工智能技术发展的初衷是为了让人实现更好的生活，却由于主客观因素的干扰偏离了这一既定目标，树立以“人治”为核心的指导思想、让人管制技术正是帮助人工智能技术回归到正轨，让技术成为推动社会进步的工具的重要“风向标”。智能包装广告伦理以“人治”为宗旨，可遵循马化腾提出的“四可”原则，尝试探索智能时代应有的技术伦理观，重塑数字社会的技术信任。第一是可用原则，遵循以人为本的发展理念，尽可能让更多人公平地享受到网络时代带来的数字红利，让信息资源在人群中得到合理地分配与安排。尤其应当加强对信息弱势群体的保护，在技术条件、搜索过程、传播内容等多方面为信息弱势群体提供妥善的服务，缩小民众之间的信息鸿沟，实现信息的公平传播。第二是可靠原则，主要关于网络空间安全问题，人工智能在使用、操作的过程中理应是安全可靠的，无论是安全防御系统，抑或是检查监督系统，都应在人的可控范围内进行投放使用，在广泛推广前应严密地测试与审核，以确保信息安全。不仅要加强对人工智能研发者的管理、对智能机器类型的审核、对购买者的监管，而且要确保数据的隐私保护，防止数据滥用。第三是可知原则，这是对人工智能的透明性提出的全新要求。透明性要有差异性地公开，针对不同的主体技术的透明性有不同的标准。第四是可控原则，充分发挥人的主体性，通过使用技术控制技术达到风险可控利益可控的目标。

三、以法为尊

以人为本的核心是从内在层面规范智能包装广告伦理，以法为尊则是从外在层面法律规范层面进行规制，即通过建章立制利用法律的强制力和权威性，设置智能包装广告技术发展和产业运营过程中道德规矩与价值导向的最低限度和底线。智能包装广告伦理是一个崭新的学术课题也是一个敏感的社会现象，需要从历史上伟大的政治家、思想家、社会学家等的论述中找到符合行业和谐发展的伦理之道。德国伟大的哲学家思想家伊曼努尔·康德的《实践理性批判》中有句永恒名言："有两种东西，我对它们的思考越是深沉和持久，它们在我心灵中唤起的惊奇和敬畏就会日新月异，不断增长，这就是我头上的星空和心中的道德定律。"康德对道德定律的敬畏之心及其提出的伦理责任五准则，对今天的智能包装广告健康发展仍有启发意义和借鉴价值，也是智能包装广告伦理的内核精髓。

法律是一种最为严格的调整、规范人们行为的基本手段，在全面依法治国作为国家战略的大背景下，需要建立、完善强有力的法律法规和规制措施，以确保人工智能技术在包装广告框架内发挥正向作用。以法律作为外部力量介入人工智能包装广告信息传播，既能减少人工智能发展中的不利因素，又能引导人工智能在良性轨道上前进。此外，还应该形成人工智能管理的权力监督机制，确保法治建设覆盖智能包装广告的各个环节和领域，保证技术发展大环境内法律权力行使的合理性和正当性，将技术规定在法治框架内，保证人工智能在包装广告领域正向作用和效益最大化。

道德是法律的价值导引，也是法律的补充，具有法律所无法具有的独特优势。技术本身没有伦理道德，但创造技术研发技术的人本身却具有基础的价值判断与道德标准，研发者在模型设计、系统编程的过程中，会赋予数据内涵的公平、正义等道德品质伦理价值，涉及人与政治、人与经济、人与文化之间关系的评价标准。因此，人工智能技术具有先天的价值倾向性和难以割舍的主观因素影响。算法的价值取向决定着算法结果的好坏和民众认知的倾向，而价值取向的形成在很大程度上都受到个人道德和文化素养的影响。① 通过加强对人工智能技术价值的引导，重新定义人工智能道德伦理规范，不失为是一个根源性的解决途径。对不需要由法律调整的社会关系——人与人工智能之间的部分关系，可以通过道德加以约束加以调整，形成全面的社会秩序，推动构建良好的智能包装广告秩序。②

四、以爱布道

智能包装广告是建立在人工智能技术与各种先进技术交错容织基础之上的全新广告业态，因而技术安全和人员(包括智能机器人)

① 参见袁帆、严三九:《新闻传播领域算法伦理建构》,《湖北社会科学》2018 年第 12 期。

② 参见孙江、张梦可、何静:《智能传播秩序建构——价值取向与伦理主体》,《湖南工业大学学报》2020 年第 1 期。

安全是智能包装广告伦理需要考虑的首要问题，仁爱之心自然就会成为伦理布道的要义。智能包装广告伦理准则的建构并非易事，这其中存在着社会生态变异、文化困境、伦理规范的困境、利益相关者的价值困境以及技术困境多个方面问题。面对快速更迭的智能包装广告社会现实和技术手段，政府及相关组织应尽早行动，建立有温度有爱心的协调监管制度体系，并在实践中不断调整，以满足维护智能包装广告不断变换的环境需要。

（一）以心担责。康德提出，人世间存在仁慈、本真等绝对永恒不变的定律，它对所有人都正确和适用，人们靠良心承担个体道德责任和集体社会责任。我国新闻传播机构追求“两肩担道义，双手著文章”，延展到中国特色智能包装广告伦理建设依然适用，同样会要求智能广告机器制作人、智能广告代言人以及所有包装广告上下游的全部职员，把良知道义放在首要位置，敢于担当社会责任，确保包装广告信息传播正能量思想。以心担责，还推崇亚里士多德提出的“精神美德就是在两个极端之间的正确位置”，在两个极端之间寻求一种合理的、尽量不偏不倚的选择，讲求包括把握事物的临界点、做出正确的选择和诚实正直等。智能包装广告的广告信息资讯内容要求务求、诚实、正直。无论智能包装广告发布者还是管理者，无论技术专家还是设备使用者，都必须遵循这一基本伦理准则。

（二）以正达爱。以正达爱的基本意涵是坚守公平正义底线，惩恶扬善泾渭分明。在智能包装广告传播进程中坚持“君子爱财取之有道”，直面广告信息资源信息最大化和信息利益最大化的职能和本能，科学决策好功名利禄与维护道德伦理核心准则的辩证关系，认真甄辨广告信息载体美丑善恶并正大光明惩恶扬善，唯有为大多数人寻求最大的幸福才是正确的伦理道德选择。新自由主义者罗尔斯提出无知之幕概念，指的是各方从生活中的真实情况退回到一个消除所有角色和社会差异的隔离物后面的“原始位置”，把自己当成整个社会的平等成员。就像我们考试时试卷上的密封线，会把每个人的个人信息蒙住，尽可能回避相关者，每个人都是平等的，以此实现公平。公平之道的第一大原则是自由共享，第二大原则是最广大的利益共享，这就叫公平。罗尔斯认为，只有在每个人都受到无社会差异对待时，正义才会出现。

（三）以仁求真。以仁求真即智能包装广告伦理的“仁爱之道”，按照犹太教和基督教的“爱邻犹己”观点，就是像爱自己一样去爱别人，爱一个人就意味着完全接受他的存在，爱他就爱他本来的样子。智能包装广告中的资讯仁爱道德或内容至善，应该是智能包装广告伦理的逻辑起点和正当依据。韩国沉船事故里无数人丧生，但是现场播报的记者却面带笑容，结果引起非常严重的世界性舆论。记者的行为就是违背伦理准则中爱的准则。作为新闻传播的组成部分，智能包装广告除了要有知识和专业素养之外，最重要的是要有悲天悯人的情怀，这样才能做到感同身受胜任工作，这样才能够打动广告客户吸引消费者。以仁求真的智能包装广告伦理还必须考虑国际环境与国家地区民情民俗，在一定情境下会有一定的改变与侧重，按照勿伤害、新闻至善等新闻传播伦理原则开展广告活动。智能包装广告在追求广告信息表达至善至美至爱的同时，更要追求为维护人类尊严而应有的社会责任和国际人道主义责任，更应追求人类普遍的怜悯之心。[①]

第二节　塑料包装伦理

在所有包装行业、包装广告行业最具争议最牵涉到道德伦理的发明创造，应该非塑料莫属。100 多年前奥地利人马克斯·舒施尼发明的塑料薄膜塑料袋，以其透明、轻便、结实、便捷、廉价、百变形态并且方便喷涂广告信息等高科技形象一时间风光无限，被视为现代包装业最伟大的发明——塑料包装唾手可得，出门购物一身轻松，各种打包信手拈来。不曾想这项“伟大的发明”随着岁月的流逝，一连串理念问题社会问题文化问题环保问题逐渐尖锐起来，塑料制品塑料包装及微塑料超微塑料正在越来越影响到自然界生物链生态链，危及空气土壤江河湖海直至危及人类生命安全，俨然成为世界第一公害，引发一长串塑料包装塑料制品的包装伦理包装广告伦理思考。舒施尼做梦也不会想到，到塑料袋百岁“诞辰”纪念日时，竟然被评为 20 世纪人类“最糟糕的发明”，不能不说是发明人莫大的悲哀。

① 参见蓝江:《人工智能的伦理挑战》，人民网，2019 年 4 月 1 日。

一、社会责任

塑料包装材料大都是用不可降解和再生的材料生产的，现阶段处理这些白色垃圾时只能挖土填埋或高温焚烧，而塑料包装袋埋在地里需要 200 年以上才能腐烂且严重污染土壤，而塑料垃圾焚烧时的有害烟尘和有毒气体，直接造成对大气层环境的污染，所产生的一种致癌物质“二噁英”，久久悬浮于空气中让人类深受其害。

在 2018 年举行的欧洲肠胃病学会上，研究人员报告称在人体粪便中检测到多达 9 种微塑料，它们的直径在 50 到 500 微米之间。此前大量报道指出，海洋鱼类贝类、江湖河鱼虾和其他动物体内都陆续出现微塑料超微塑料。海洋生物、动物园的动物、家中宠物鱼池锦鲤等因为误食塑料袋毙命事件，屡屡见诸广播电视新闻及新媒体客户端。微塑料超微塑料对人体器官及其他生物器官产生伤害，其罪魁祸首就是塑料包装用品的全球泛滥。

（一）积重难返。几十年上百年日积月累的塑料制品塑料包装，已经严重威胁到人类生存环境生活质量。人们不计后果习惯性使用塑料包装塑料用品，背后暗藏着的是人生观、道德观、价值观、环境观、新闻传播观、包装广告观等系列伦理问题，这些问题相互绕缠交织有时候还发酵发散，已然到了积重难返的境地。周而复始使用塑料用品使用塑料包装的状况，某种程度反映出人们社会责任意识伦理道德准则。当越来越多人意识到塑料包装用品危及自然环境之时，使用塑料包装用品频次时机及用途，就考验甄辨到每一个人的社会责任参与态度。与其发动全社会全国民开展垃圾分类（无形中增加了塑料垃圾袋的消耗），实则不如“釜底抽薪”减少每一个人的垃圾生产，或者引导国民自觉处理好无须“打包分类”进入到垃圾箱的生活残余。瓜果蔬菜皮壳鸡鱼肉骨头，只要稍加处理就可以化作花园肥料，或者变成养殖场饲料，完全可以凭一己之力化废为宝，在大大减轻垃圾清运工人工作量、减轻垃圾填埋场压力的同时，也大大减少了塑料垃圾袋使用数量、减少了环境污染。

（二）连锁反应。塑料包装用品几经裂变，化作为微塑料超微塑料晶体微粒，无踪无形中漂浮潜入空气中水中土壤中，导致整个生物体系生态体系全部受到破坏侵害。这些东西沁入人体呼吸器官消化器官体液血液循环器官，直接或间接诱发病变癌变，这一整串一系列由塑料包装用品导致的生态连锁变化，引起了人类学家、生态学家、环境学家、伦理学家、材料学家、化学家等的极大关注。2018年4月发表的一项研究显示，研究人员在经过包装的海盐、啤酒、瓶装水和自来水中发现微塑料和微纤维。这是因为在灌注饮料的过程中，微塑料会渗进饮料，大气中的微纤维也会落到自来水储水池。这些微塑料粒可以导致血栓，一旦寄居在肺部深处就会引发包括癌症在内的各种疾病。由于故意让人类摄入微塑料违背伦理，而人类不经意间频繁接触的塑料饮食包装正是这些微物质的一大主要来源。

二、包装理念

塑料包装用品的发明，显然没有意识到会在几十年上百年之后出现大量的不堪回首的社会问题，更没有想到包装行业鲜少考虑社会公德自然环境可持续性，只顾眼前利益及使用便捷，将塑料包装成本一降再降，而低品质低成本塑料包装用品的环境危害一再上升。加上公民没有深层次看到过度使用塑料包装用品背后隐藏的包装伦理现象，在塑料包装用品刚刚开始进入市场的一段时间还将贻害无穷的“新包装”视为时尚，潜移默化扩散了使用范围和使用人群，加剧了塑料包装用品的肆意增长。更需要引起高度重视的是，无论是政府管理机构还是广大民众，都没有能够从社会公德角度从社会公信人品良心角度从纲常伦理角度去思考塑料包装用品的本质问题症结，去问责相关人员的基本义务基本职能基本担当。2020年5月26日，笔者在看到武汉重新开市热干面再度热涌武汉街头时，以“热干面”为题在新浪微博撰文，再次呼吁武汉市政府有所责任担当，加强餐饮环保政策引领，出台具体措施。

武汉开市了，热干面更热了。

全国援鄂援汉医护队撤离时的热干面，一丝一汤都是深情厚谊；武汉开市满城尽是热干面，一碗一瓢全是人气回归信心回归。通过电视画面，又看到了武汉满城热干面的一次性用具，又触动了呼唤环保的神经。几年前，笔者曾经写过“武汉市一次性餐具应该废止”的博文。今次老话重提，更愿意经过洗礼的武汉市从此更加注重环境保护。热干面等湖北特色餐食，若是使用地方特色环保材料碗筷瓢勺，岂不锦上添花色味加持？

（一）塑料包装无处不在。自从塑料发明创造以来，塑料袋、塑料胶带、塑料绑带、塑料盒、塑料桶、塑料瓶、塑料管、塑料杯、塑料盖、塑料板、塑料餐勺、塑料花、塑料楼梯等形形色色塑料制品，充满了人类社会生活工作文化科研的每时每刻，各种各类极致使用到了现代包装的方方面面。中国电子商务产业与中国快递产业珠联璧合如影随形，中国“四通一达”等快递业巨头托起了电子商务的兴旺发达，背后却是灾难深重的垃圾污染。根据国家邮政局统计数据，2015 年中国大陆快递业务量总计 206.7 亿件，消耗塑料编织袋 29.6 亿个、塑胶袋 82.6 亿个、包装箱 99 亿个、胶带 169.5 亿米、避免撞击的缓冲物 29.7 亿个。2019 年，中国快递业务量突破 600 亿件达到了 635.2 亿件，产生了超过 900 万吨废纸和约 180 万吨塑料垃圾。如何加强快递绿色包装的标准化建设时不我待，这也是我国包装行业转型升级和可持续发展的内在要求。

（二）以媒体报道为政绩。新闻传播媒体机构本应该肩负起呼唤正义坚守公平公正底线，但在行业政绩工程地方政府政绩工程等各种原因影响下，更多的新闻报道报喜不报忧，对电子商务繁荣快递行业猛增背后的塑料包装用品污染浪费很少触及，一定程度就会在导向上将公众带离应有轨道。2020 年 9 月 10 日，据国家邮政局邮政业安全监管信息系统实时监测数据显示 2020 年第 500 亿件快件诞生，总量约等于 2019 年 1—10 月的快递业务量，按照发展状况预测，2020 年全年快递业务量将突破 750 亿件。这个新闻事件反映了 2020 年中国邮政快递业呈现出的“低开高走”态势，映现了受新冠肺炎疫情影响后全国复工复产复市持续推进的丰硕成果，这也是各大媒体及政府官网行业官网弘扬主旋律振奋民族精神的根本所在。如果在浓墨重彩宣扬辉煌业绩之时，顺带提及绿色包装减量包装节能包装等的社会价值使命意识，时刻营造市场繁荣昌盛背后塑料包装用品污染环境贻害自然的危机感紧迫感，可能还是非常必要的绿色包装舆论引导。

（三）以塑料包装为时尚。在塑料袋进入市场的很长时间内，不少民众以此逛街购物买蔬菜水果为新潮时髦，那些拎着购物篮背着书包布袋的人仿佛成了远离现代世界的乡野村姑村叔。这种近乎病态的时尚风潮，竟然还因为经典电影《雨中曲》串想到了服装时尚界 T 型台，缔造出了塑料透明材料的雨衣全球大热，不仅当时剧中的同款雨衣迅速售罄，就连台下的观众也“应景”穿上了塑料雨衣，以至于纪梵希香奈尔耐克等国际品牌，都相继开发了以“雨景”“瀑布”为题材的系列塑料时装，以“穿透感”“若即若离感”“廉价随意感”在时尚舞台大行其道。1999 年，时尚品牌先驱纪梵希由设计大师亚历山大·麦昆（Alexander McQueen）灵感激发出瀑布 Fall 透明塑料时装，瞬时间风光无两。耐克在 2017 年 3 月推出了自己的全新鞋款 Vapormax，以透明的建筑感线条编织，搭配透明的气垫底彰显着解构主义的“穿透感”。香奈尔在 2018 春夏推出了一系列透明质感的时装系列单品，整个秀场上都充满着现代《雨中曲》的时髦氤氲，既不强势又不柔弱的中性风格特别符合现当代的平衡审美。千禧一代买单透明单品的原始心理还是源于“看起来很酷”，在塑料时装风潮的带领下，越来越多的国际一线品牌推出自己的透明感单品，甚至于塑料雨披塑料凉鞋塑料鞋套塑料外披风塑料外套也成了时尚潮流标志。Celine 的透明包一经推出，就成了各大时髦新潮族的手中“玩”物，售价 750 美元居然会奇货可居。

三、文化迁移

当下，大大小小的塑料袋塑料吸管塑料桶塑料瓶塑料杯塑料鞋塑料椅塑料服装等泛滥成灾，渗透到人们居家生活读书求学办公事务日常工作交通出行旅游远足等方方面面，造成了传统文化包装产品的严重退化，产生了很强烈的传统包装文化与新潮包装文化撞击，形成了塑料包装特有的“塑料包装为我设计为我所用——人人为我以自我为中心”“随处丢弃—始乱终弃”等负面文化迁移效应。

在塑料包装出现之前，各种包装器物都具有时代文化气息，从远古时期的荷叶包装葫芦包装贝壳包装，延续到石器包装竹编藤编包装纸品包装，传延到更先进的陶器瓷器包装金属包装，等等，都可以窥见人类文明的前行印记，记载着个体文化群组文化区域文化，反映了一个阶段一个时期人类的包装情节包装修养包装胸怀。即使现代包装材料丰富多样包装产品层出不穷，人们在春节清明节端午节中秋节等各种传统节日在家中手工制作祭祀纪念产品时，一如既往使用的是远古传承至今的原始天然材料，清明节时包青团的荷叶、端午节包粽子的粽叶等。就连春节家家户户打糍粑，也毫无例外会选择在最原始最古朴的石槽里使用木头反复锤打而成。

不能不说石器包装在绝大多数场景里已经不合时宜，但是竹叶荷叶粽叶贝壳葫芦等原生态包装一样应该得到尊重得到重视。这不仅仅是不忘先祖不忘初心，更是一种文化祭奠文化苏醒。捐弃塑料包装用品，应该加强纪律约束，强化伦理联想，与国家诚信体系建设挂起钩来，与生活准则密切联系起来。国际动物保护协会及各个国家和地区的相关机构能够经常站出来对时尚舞台上的皮装说不，是不是也可以成立“抵制塑料包装用品协会”，在各种场合动用各种媒介机构对塑料包装用品说不，为竹编、藤编等原生态包装用品鼓与呼呢？

第三节 场景包装伦理

传统意义上的场景是指戏剧、电影中的场面或者泛指情景，人工智能场景指人工智能企业将智能技术及设备运用于主要的生产、生活应用领域，这些领域主要集中在教育、医疗、无人驾驶、电商零售、金融、个人助理、园区、家居、展厅等多个垂直场合，而智能包装广告场景伦理指的是人工智能在应用于包装广告上述场景过程中应遵循的道德伦理规范。

智能信息推送技术是包装广告场景合成与场景推送的重要组成部分，在人工智能、知识工程与因特网、数据库技术相结合的基础上，应用人工智能、机器学习方法，可以识别和预测各种用户的兴趣或偏好，从而有针对性地、及时地向用户主动推送广告客户所需信息，以满足不同用户的个性化需求。

智能包装广告的场景科技伦理，强调的是作为主体的人协调人、自然、社会关系的能力，促进人的自由全面发展所达到的水平和主体对自身所处地位、所负使命与责任的自觉程度，包括科技的透明性、禁用权、自由使用权等。无论是智能广告创作还是智能包装广告场景合成推送，都已经带给我们一些撼动社会基础的根本性问题，人和机器的边界，人和生物界、自然界的边界越来越模糊。在智能包装广告场景推送中，带来了新的社会权力结构问题。借助智能包装广告场景推送，企业可以赋予每个用户大量的数据标签，并基于这些标签了解人的偏好和行为，甚至超过用户对自己的了解，这是巨大的信息权利不对称。如果智能包装广告企业还利用大数据分析，向包装广告场景用户推送所谓的个性化信息资讯，则更是对消费者自主阅读权的侵犯。智能包装广告场景推送可能会造成偏见强化，人工智能通过给观点相近的人群相互推荐“认同性的信息”，信息推送也常常存在路径依赖和人群偏向性。当人们的信息来源越来越依赖智能机器、越来越依赖智能包装广告场景，偏见会在这种同化和路径依赖中被强化。

智能包装广告场景还使社会的信息和知识加工处理能力被极大放大，信息和知识的冗余反而使人陷入选择困境，也使生活碎片化、离散化。如果人们参与社会互动的次数和范围缩小，而人工智能越来越多介入到知识内容广告场景等信息的生产中，知识与人的需求之间的关系将变得越来越间接，甚至会反过来支配人的需求。由此看来，我们必须设置防止过度依赖机器人的伦理原则和道德规范。

一、算法歧视

算法歧视是智能包装广告场景营造与推送过程中常常遭遇到的情况，一些图像识别软件曾将“黑人”错误地标记为“黑猩猩”或者“猿猴”，谷歌翻译同样存在隐性场景的性别歧视问题。

有业界专家对此类现象作了专题研究并提出了单词嵌入的语言模型。这种模型通过对自然语言的采集主体(比如谷歌新闻的文章)进行训练，在避免人类语言学家的太多介入情况下为日常翻译、搜索算法和自动完成功能等提供服务。模型中的单词被映射为高维空间中的点，给定的一对单词间的距离和方向可以表明它们在意思上的类似程度以及具有什么样的语义关系，可以精准揭示算法歧视的具体特征和影响差异。

直面智能包装广告场景领域的算法歧视问题，需要精准把握症结所在。算法是一种数学表达，是很客观的模型，不像人类那样有各种偏见、情绪，容易受外部因素影响。微软公司总裁施博德表示，要设计出可信赖的人工智能，必须采取体现道德原则的解决方案，因此微软提出6个道德基本准则：公平、包容、透明、负责、可靠与安全、隐私与保密。谷歌公司也表示，在人工智能开发应用中，坚持包括公平、安全、透明、隐私保护在内的7个准则。2018年9月，脸书、谷歌和亚马逊达成合作，为人工智能安全和隐私等问题提出解决方案。一家名为OpenAI的组织致力于研发和推广造福全民的开源人工智能系统。谷歌研究员诺维格指出：“机器学习必须得到广泛研究，并通过公开出版物和开源代码传播，这样我们才能实现福利共享。”今后，我们更应关注如何驾驭人工智能使人类更加擅长自己最拿手的领域，如何利用相应技术帮助人类思考和决策而非将人类取而代之。

唯有从根本上解决算法歧视问题，才能避免少数公司掌控技术以隐蔽手段损害大多数人的自由与尊严。首先需解决如何更准确、更敏锐地分析科技进步中的结构性变革，以技术手段防范技术黑箱操作；其次就是如何在技术推进中注入人文关怀和理性认知。对于第一个问题的破解，需要技术的发展始终在一个社会开放空间中进行，使技术不被少数人的权力和资本所垄断。第二个问题的解决方案，则是需要哲学家、艺术家以及社会科学家在技术变革中积极参与，及时发现技术当中隐含的道德议题、社会议题，向科学界、技术界和企业界发出他们观察慎思后的权威性建议以起到建立一个人文伦理防火墙的作用。同时贯彻智能包装广告场景以人为本的伦理准则，主要涉及强化人的主体性，构建和谐的信息生态体系，贯彻客观、公平、正义原则和保持伦理规则与时俱进等内容。

黑箱是指常人不能判断人工智能信息的来源真伪和规律过程，暗箱化操作已经成为智能包装广告场景伦理难以进入的区域，人们不知道人工智能的运作原理是什么，不知道一篇机器人撰写的新闻稿是怎么写出来的，不知道机器人广告是怎么样创作出来的。过去人们都知道采集信息是一个记者拿话筒提问，记录下来之后回去整理出来，而现在一个智能化的传感器就能得知某个地方的污染指数、水文情况、空气质量，但是人们完全不知道传感器的运作原理，甚至找不到传感器在哪儿设置。

智能包装广告场景伦理黑箱还涉及透明化问题，“今日头条”的机器人“张小明”撰写新闻的速度之快几乎与电视直播同步。算法加加减减就可以把情绪改变，可以把快乐的情绪通过算法加减变成悲伤的情绪。算法的表达情绪和价值观的功能，表明算法具有道德属性，会引起透明化问题。为什么一些用户可以收到带有政治偏见的信息呢？这可能是因为算法通过分析得到这类用户的隐私信息，而该类用户并不知道算法如何运作和被利用的，这就是一个典型的透明性问题。当然，隐私保护方面有一些相应措施，如经规划的隐私、默认的隐私、个人数据管理工具、匿名化、假名化、差别化隐私、决策矩阵等都是在不断完善的标准化工具。

在智能传播时代，智能包装广告场景伦理实际上变成公共伦理，人们愿意拿自己的隐私去换取便利，隐私变成明私即公开隐私。以前人们保护隐私，现在人们有意的公开隐私就可以得到很多方便，因此智能传播就带来了从保护隐私到公开隐私的伦理转向，智能包装广告场景信息推送同样面临着这样的问题。算法变革的结果会带来对自主权信息隐私的挑战，从而带来价值偏向的问题。哈佛法学院网络法教授乔纳森·齐特林（Jonathan ZittrAIn）认为，随着计算机系统日趋复杂，人们或将难以对人工智能系统进行密切监视。“随着我们的计算机系统越来越复杂、联系越来越紧密，人类的自主控制权也不断减少”。如果我们放手不管，置之脑后，不考虑道德伦理问题，计算机系统的演化或许会引发更多道德危机。

二、道德约束

考虑到智能机器人写稿、智能机器人广告创作、智能包装广告场景营造及场景推送等的巨大影响，需要全社会共同努力，制定智能包装广告场景伦理规范和政策方向。随着商业和政府越来越依靠人工智能系统做决策，技术上的盲点和偏见会很容易导致歧视现象的出现。人工智能存在就业职场博弈方面的偏见问题，如果用网络搜索引擎搜索CEO会发现，出现的结果基本上没有女性，亚洲人面孔也很少，白人男性居多，这就是随着人工智能的发展出现的伦理问题。这不仅是科研问题，也是行业问题，甚至波及族群或人种问题。人工智能行业和全社会都必须认识到这个问题的重要性，携手合作，探索解决之道。

中国人工智能学会伦理道德专业委员会计划针对不同行业，设置一系列伦理规范研究，如智能驾驶规范、数据伦理规范、智慧医疗伦理规范、智能制造规范、助老机器人规范等，之后再逐步扩展到其他行业或部门。有关成果将向社会公开发布，征询意见和建议，并为制定相关政策或法律提供参考。伦理规范的出台需要人工智能学术界、产业界以及伦理、哲学、法律等社会学科界共同参与，共同规避人工智能发展过程中的伦理道德风险，同时避免因为减小风险而遏制产业发展的情况发生。

三、科学流程

为了智能包装广告场景制作与推送的伦理规范，谷歌的研究员玛雅·古帕（Maya Gupta）呼吁业界要更加努力地提出合理的开发流程，以确保用于训练算法的数据公正、合理、不偏不倚。加州大学伯克利分校、哈佛大学、剑桥大学、牛津大学和一些研究院都启动相关项目以应对人工智能对伦理和安全带来的挑战。2016年，亚马逊、微软、谷歌、IBM 和脸书联合成立了一家非营利性人工智能合作组织（Partnership on AI）以解决相关伦理问题（苹果于 2017 年 1 月加入该组织）。上述西方科技巨头正在采取相应的技术安全保障措施，从科学流程方面解决根本问题。谷歌研究人员正在测试如何纠正机器学习模型的偏差，如何保证模型避免产生偏见。微软成立人工智能伦理委员会（AETHER），旨在考虑开发部署在公司云上的新决策算法，谷歌也有自己的人工智能伦理委员会。值得注意的是，实施相关伦理保护措施的公司均认为，不需要政府制定政策来实现对人工智能的监管。我们认为，政府政策引导、立法规范和社会道德舆论宣传是必不可少的明智之举，应该鼓励人们，尤其是伦理专家去考虑应对策略，使现实世界和虚拟世界都变得更加道德。

四、法制完善

将人工智能伦理建设和智能包装广告场景伦理建设，置于与人工智能发展战略同样重要的战略位置，做好国家级顶层设计，纳入人工智能发展战略的体系之中，高度统筹各方力量，加强相关研究，以老百姓的美好生活为终极目标，兼顾行业创新发展，明确人工智能在安全、隐私、公平等方面的伦理原则，制定人工智能伦理的引导性政策，对涉及人工智能伦理的相关问题进行评估和论证，并且在政策法规框架下全面推进是未来发展的目标与方向。

伦理规范随着社会发展和科技进步而变化，人工智能的算法也应当根据社会变迁和用户需求而不断地调整与更新，而固守僵硬、陈旧的伦理观念无疑是不可取的，数理逻辑与康德的“定言令式”一样都不应成为人工智能伦理观念发展进程的唯一依据或恪守的僵化信条。应该说，在人工智能伦理规范管控方面，不必追求一种普世的伦理，只要保持与时俱进的持续修补和可持续性更新，就能不断接近“真”“善”和“美”。

政府顶层设计制定可持续发展的智能传播伦理规范和政策法规，社会协同配合，构建新型和谐的智能社会。麻省理工学院法律与伦理专家凯特·达尔林（Kate Darling）指出：“公司当然会跟随市场潮流行事，这不是坏事，但我们不能指望他们负伦理责任，我们应当将监管措施落实到位。”

面对人工智能技术发展过程中产生的伦理问题，应将伦理制度与科学研究相结合，以马克思主义科技观为指导，从人的实践活动出发，坚持人的主体地位，制定符合我国国情的人工智能技术开发、研究、应用的完整伦理规范与法律法规。通过相关法律规范人工智能产品的开发与利用，能够避免人工智能产品脱离控制，进而规避可能产生的伦理问题。将伦理与法律融入人工智能研究、开发和应用的全过程，使得人工智能技术的发展受到伦理与法律的规范和约束。同时，政府应制定一套包含政府监督、技术监督、社会监督的完整的监管体系，对人工智能进行科学有效的监管，严惩发展过程中的不法行为，促进人工智能技术发展朝着更有利于服务人类社会的方向发展。

人工智能的发展对人类社会的贡献已经形成广泛共识，因此应该通过各种途径增强人们对于人工智能科技的认识，增强公众伦理观念，营造良好社会舆论氛围。[1] 全社会应该鼓励广大的科技工作者开展形式多样的人工智能科普与推广活动，使全社会对人工智能有科学的认知。提高群众的认知素养，是正确引导民情舆论的关键所在。人工智能的发展方向很大程度上取决于人类自身。如果人类一味地拒绝接受该项技术，人工智能势必无法服务人类。如果人类不假思索地接受该项技术，则势必会为伦理问题埋下隐患。因此，唯有提升民众的认知素养，才能使人工智能更好地为人类服务。

第四节 内容伦理

人工智能技术在一定程度上会改变包装广告生产的数量和节奏，比如美联社的智能机器人史密斯、新华社的“快笔小新”和特约记者“微软小冰”等，在智能新闻写作上均有新突破，阿里巴巴在“双 11”购物狂欢节的机器人 Banner 广告制作瞬间刷屏。随着智能机器人在新闻写稿和广告创作中应用日盛，这种打破常规不按常理出牌的广告内容创作方法，使算法应用、信息价值智能化开发与人类伦理观之间发生冲突，由此引发出“智能机器人上岗导致广告人下岗、包装人下岗”“智能机器人彻底打败了广告人”“智能机器人会统治广告世界”等相关的系列问题。用什么样的智能包装

① 参见郭建伟、王文卓：《如何规避人工智能带来的伦理问题》，《人民论坛》2018 年第 11 期。

广告伦理机制揭开相关谜团，化解人类智慧、人类劳动与人工智能的矛盾，需要智能包装广告管理者认真思考并找到解决的办法。

一、创作“人权”

目前，人工智能机器人已经撰写了大量经济新闻、体育新闻稿件，智能广告创作与智能场景推送引发的伦理问题也开始显现，主要体现在人类人权和类人人权两个方面，即智能机器人写作剥夺了部分新闻记者、广告从业人员、包装从业人员等的工作职能、写作权利是不是侵犯了人类人权，智能机器人写作、智能机器人广告创作能不能与人脑写作、人脑广告创意设计同日而语，是不是应该赋予同样的“人权”——类人人权。对于前者，主要是人类人权的自我保护，担忧一旦人工智能在新闻写作、广告创作、广告场景推送方面具备了超越智能机器的属性，愈发类似于人脑功能甚至超越人脑功能时，人类是否应当赋予其一定的“人权”，设置一定门槛防范杜绝被其追赶超越，以保护属于人类的属地范围不遭侵犯、不被取代。另外，人工智能写作、人工智能广告创作、人工智能广告场景推送正在逐步被人类赋予思想、学习和决策能力，在某些社会生产和生活领域、新闻传播和包装广告领域逐渐替代人类。那么，智能机器人在新闻传播生产活动中、在广告创作中、在智能场景推送中造成的过错应当如何解决？针对这些人权情况，人类社会将如何基于伦理视角引导人工智能服务于人类？

美国学者雷·库兹韦尔在《如何创造思维》一书中推算，到

21 世纪 30 年代前后，人类将有能力制造出强智能机器人，其能够与人类产生一定程度的情感联系，并具备自我意识。对此，人类应加快讨论可能出现的伦理问题，一旦强智能机器人诞生，出现自我意识，人类是应当遏制其进一步成长，还是给予其“人权”？部分学者持否定态度，认为给予人工智能“人权”是对人工智能的放纵，将对人类的生命与安全造成威胁，不应该给智能机器人更多权力。乐观主义学者则主张，人类能够开发出符合自身道德的人工智能产品，因此可以给予人工智能部分基础的“人权”。当人工智能取代人类从事某些工作时，它所犯的过错应当由何人来负责呢？比如，当人工智能取代部分广告写稿人员、广告创意设计人员的岗位，发生误写、误传、误画、污图现象时，应当向新闻传播机构追责，向广告公司、包装公司追责，还是向智能机器制造商、智能机器管理人员追责呢？

二、智能焦虑

人工智能的技术飞跃或者所谓的“智能大爆发”带来的新闻传播应用、广告创意设计、应用伦理问题，并不是刚刚发轫、刚刚出炉的新问题，而是传统新闻传播伦理、传统广告伦理、传统包装伦理等一系列原有问题与人工智能伦理的叠加。智能传播、智能广告会挑战我们过往的既有经验，改变新闻传播学、广告学、人类学、神经学、仿生学、社会学和心理学等原有研究框架。对智能传播、智能广告的过度期待或深度忧虑，大多基于缺乏学理根据的科幻想象或人们对自身身份认同前景的恐慌。文学作品展示人类的这种身份认同焦虑，已经源远流长，但今天的知识界、艺术界、传播界、广告界，如果还是止步于无的放矢的焦灼和恐惧，则无助于我们真正认识人工智能与人类意识的本质关系。

关于人们对人工智能的各种忧虑，最值得关切的是人工智能的应用伦理及其价值植入的技术限度问题。人类的价值系统可分为外在价值和内在价值，亦即有用价值和无用价值。内在价值涵盖自由、快乐、尊严、情爱、创造、自我超越等基本要素，生活中若缺乏上述要素，就等于失去值得追求的最低生存条件。基于这种条件，人和其他动物没有什么不同，不是人独有的本质。内在价值集中在人所特有的东西上，是人们为了诉求内在向往的东西而存在的价值。

认知科学家巴赫（Joscha Bach）曾说："近期的人工智能引起的危机最终可能成为现在社会中已经存在的某种危机。如果我们不能走出基于工薪的经济模式的话，人工智能的自动化会提高生产力，却不会改善我们的生存条件。"这种忧虑不无道理，不过主要是基于财富分配的急剧变化而引起的社会阶层流动而言的，实际上，并不是技术进步和人工智能直接导致的问题。人类的内在价值并不在于谋生存谋温饱的基本劳作，无论是体力劳动还是脑力劳动，都是为了解决问题来完成给自己设定的任务，这种设定源于我们的自我意识和意义系统。有了这种设定，才能知道什么是该干的"活"，什么是服务于我们的诉求的有效劳动。

从人工智能目前的发展方向看，无论它再怎么"自动学习""自我改善”，都不会有“征服”的意志，也不会有“利益”诉求或“权利”意识。当前，无论从现实紧迫性上看，还是从远景终极可能性上看，“弱人工智能”问题都属于常规性问题，并且是渐进呈现的。如果说在可见的未来，技术发展领域有什么更值得担心、警醒、紧迫的事情，那么，或许基于虚拟技术的“扩展现实”的实现带来的影响将更具颠覆性。

我们把“强人工智能”定义为出现真正有自主意识并且可确定其主体资格的智能技术。这种技术具有自主意识，具有与人类对等的人格结构，应拥有人类所拥有的权利地位、道德地位和社会尊严等。最近，美国量子物理学家斯塔普（Henry Stapp）、英国物理学家彭罗斯（Roger Penrose）、美国基因工程科学家兰策（Robert Lanza）、清华大学教授施一公和中科大潘建伟等都提出人类意识的量子假设，即人类智能的底层机理就是量子效应。当然，基于人类理性和道德能力的限度，我们有理由相信，即便是弱人工智能，在其应用中也应当秉持审慎的人文理性态度。

三、影响因素

影响智能传播智能广告内容伦理观、内容价值观的因素多种多样，既有新闻传播本体、广告主体、包装主体自然裹挟的因素，由上述几种信息载体混搭在一起交叉产生的新伦理现象、新伦理问题，还有人工智能技术加入之后带给这些领域全新的内容伦理，主要包括情感共鸣、价值失落和隐私问题等。

（一）情感共鸣。智能机器人在写稿及广告创作过程中，无疑会涉及新闻传播人广告创意设计制作人与机器之间的交流，它们之间能够亲密到什么程度？自然人类能不能和机器人谈恋爱？一旦发生将对内容创作有多大影响？随着人工智能的不断进步，智能机器人与自然人类的界线已经变得模糊起来。如果智能机器人能够与人类互通心意，也许会出现机器人深入个人生活，创作内容就会加入进去更多个体因素，威胁人类隐私的事态。随着“弱智能时代”逐渐转入到“强智能时代”，自然人类与智能机器人的差距越来越小，我们正面临着新一轮的伦理问题。①

自然人类与智能机器人的情感共鸣，是出于某些受众产生将机器人当成真正生物的感觉。损坏智能机器人不会构成伤害罪，但与实际生物相近的机器人受到伤害时，很多人会觉得很可怜，所以智能机器人已开始深深地影响人类的伦理观。

（二）价值失落。价值失落，主要涉及人类的身份认同危机与技术焦虑症，直接波及信息内容的价值观与人生态度。霍金表达了对人工智能的忧虑，“可以想象，人工智能会以其‘聪明’在金融市场胜出，在发明方面胜过人类研究者，在操纵民意方面将胜过人类领导人，研发出人类甚至理解不了的武器。尽管人工智能的短期影响取决于谁在控制人工智能，而它的长期影响则取决于人工智能到底能否受到任何控制。”

康德的道德哲学已向我们表明，追求自由、尊严是所有理性存

① 参见王蕊：《与机器人恋爱？人工智能已开始影响人类伦理观》，环球网，2016年3月16日。

在主体的内在规定。法格拉（Daniel Faggella）采访了 12 位活跃在 AI 领域的权威专家和研究人员。其中，科奈尔和博尔林特曾准确预见自动化金融算法的实际应用场景，他们在谈论人工智能对人的侵蚀和威胁时会使用丧失“人类关切”（human-centric）一词来描述这种内在价值的亏损。

（三）隐私问题。2018 年 3 月 26 日，李彦宏在中国高层发展论坛上谈及用户信息内容隐私问题时说：“我想中国人可以更加开放，对隐私问题没有那么敏感。如果他们愿意用隐私交换便捷性，很多情况下他们是愿意的，那我们就可以用数据做一些事情。”言论一经曝光，霎时众声哗然一片，众人的声讨甚至从李彦宏个人上升到了对百度的质疑与谩骂。央视谴责其言论，“国内为效率而放弃隐私的用户，更多情况下是无奈的被动接受，实际上是被统一和被授权的。科技公司需要更有良知和担当，明白用户数据使用的边界，不能辜负用户的信任。”

无独有偶，扎克伯格不止一次因为脸书用户隐私数据泄露事件而成为众矢之的，即使数据的泄露并非公司主动为之，但还是引起一阵很大的舆情风波。在这一事件的背景之下，李彦宏作为拥有那么多隐私数据的领导人堂而皇之地说出这句话，未免显得不太合适。

诚然，如今智能传播智能广告涉及信息隐私换便捷的情况，的确已经成为一种事实或现象，但是受众不愿意自己的隐私被非告知性违法或违规利用。“我的隐私不容任何侵犯”是消费者的心声。用户隐私问题背后存在道德准则和伦理准则的底线要求，而李彦宏的这句话，忽略了道德底线的问题，体现百度利己的价值观与企业文化。

四、问题分析

智能新闻传播伦理、智能广告伦理总是伴随着新闻传播活动、广告活动的变化而变化，随着社会生活的变化，对于普世道德的认知概念也会发生变化。人工智能在新闻传播领域、广告领域、包装领域的使用与进步，最初是为了建立和维护良好的信息传播环境，落到具体内容生产实践环节时，新技术的两面性催生了各种问题。有学者认为，一旦媒介技术、广告技术、包装技术向前发展，媒体权力、广告权力、包装广告权力就必定膨胀，加上新技术出现之初缺乏完善的法律条款管制，新的传播伦理问题、广告伦理问题也会随之产生。①

现已存在的智能传播内容、伦理广告内容伦理问题，可归结为相关法律保障的不足、相关技术的不成熟、人类片面的认知和隐性偏见等方面。人工智能的智慧增长速度日益加快，已然走进生产、生活的各个层面，使人们感受到了其带来的便利。当前针对人工智能的相关立法工作还较为缓慢。虽然人工智能的智慧程度还不足以撼动人类的主导地位，但人工智能的立法工作已然迫在眉睫。康奈尔大学的计算机科学教授乔恩·克莱因伯格（Jon Klein Berg）及其

① 参见王健:《伦理性的“主体”》,《中国图书评论》2015 年第 9 期。

同事发现 Northpointe 和 ProPublica 对“公平”的两种定义在数学上是不相容的。他们展示了预测性评价（无论黑人和白人被告是否有相同的风险评分总体准确率）和错误率平衡（无论两个人群是否以相同方式获得错误的风险评分）之间是相互排斥的。当任何两个人群之间的测量结果——在 COMPAS 中是再次被捕的概率——具有不同的基础比率时，如果应用相同的标准，就必然会对较高基础比率的人群产生偏见误差。

智能新闻传播、智能广告、智能包装广告作为人工智能与其他高精技术联合驱动的产品，为新闻传播业、广告业、包装业带来发展壮大的同时，也会因技术复杂和技术缺陷等原因导致某些新的不确定损害的可能性，智能传播伦理、智能广告、智能包装广告内容失范的风险由此产生。人工智能技术作为一种中性的社会发展治理手段，在主客观因素的影响下，有时候会导致价值取向和传播秩序的失范，引发系列智能传播内容伦理、智能广告、智能包装广告内容伦理问题，产生出一批信息殖民、文化殖民、娱乐殖民和算法殖民。

（一）信息殖民——以“价值洼地”制造“文化沙漠”，这是智能新闻传播内容伦理、智能广告、智能包装广告内容伦理的首要问题。新闻传播领域、广告领域、包装领域将越来越多的人工智能技术应用到信息传播内容过程中，在社会资源的助推下，信息不断向某些经济和技术水平发达的地区汇聚，最终形成了“价值洼地”——靠近发达地区的信息传播度更高，远离发达地区的信息则仅能在较小范围内传播。技术资本、经济资本和政治资本三者间往往是相互联系、相互依存的关系，这也就使得信息传播中心的经济发展越来越快，文化反而可能会让位于经济发展，导致价值取向偏移或有误，影响了民众在价值观建构方面的积极导向，形成了“文化沙漠”，主流的、正向的价值观念受到干扰。

（二）文化殖民——以“信息过载”制造“信息欺凌”。在人工智能技术的推动之下，信息传播场域扩展到了全世界各个国家和地区，“知识沟”在互联网时代扩张得愈发迅速。由于经济、文化和技术资源的倾斜，技术发达国家对相对欠发达国家存在着严重的信息输入和信息侵略，大量携带非本国主流意识形态的信息涌入相对欠发达国家，对当地文化产生了侵略性甚至毁灭性的影响，“信息欺凌”成了人工智能时代的国家层面、意识形态层面和上层建筑层面的重要问题。

（三）娱乐殖民——以“娱乐至死”制造“全民狂欢”。在人工智能的赋能作用下，普通民众掌握了信息发布和传播的权力——自媒体成为传播信息内容的重要力量。由于普通民众缺乏专业新闻传播知识、专业广告知识和相关实践技能，也未受到新闻职业道德、广告职业道德、包装职业道德和职业操守的熏陶，“娱乐至死”成为扰乱信息内容传播秩序的重要问题。在政治因素、经济因素和社会因素等的聚合干扰下，为了实现裂变式的快速传播，自媒体往往会将低俗化、娱乐化，甚至是不全面的、错误的信息发布至网络上，在算法、大数据等人工智能技术的助推之下，“娱乐至死”的负面信息迅速扩展至整个传播环境，最终演变为“全民狂欢”。

（四）算法殖民——以“算法推荐”制造“信息茧房”。算法分发的特性在于根据用户喜好推荐相对应的新闻内容、相对应的广告内容，随着同类型信息的不断汇聚，“信息茧房”成了算法推荐下个人信息壁垒的主要表现。为了降低这一影响，有些新闻分发平台、广告分发平台会选择同时使用多种算法组合，或不断开发新型算法技术，以降低单一算法的局限性。协同过滤算法是目前常用的分发算法，其特点是将数据收集范围由单一用户的行为，拓展到在具有相似行为的用户之间抓取兴趣点，并以交叉分发的方式进行新闻内容推送、广告内容推送、广告场景推送。这种智能化分发技术延伸了用户接受信息的场域，建立了用户兴趣的合集，使用户接收到的新闻内容、广告内容不仅限于已浏览的内容，而且包括了未曾浏览但可能引起用户兴趣的新闻信息广告资讯。

第六章 智能包装广告产业

包装广告属于包装行业派生而出的广告业态，也被认为是广告行业渗透到包装行业的嫁接生长，正在5G技术赋能赋势下随着人工智能时代的到来而孕育出智能包装广告。包装广告产业是一个还没有真正引起重视的新兴产业，处于包装行业和广告行业双方都没有密切关注的真空地带。这种“真空”广告产业的形成，既有国家管理机构政策引导市场引导的时空错位与时空脱节，也有包装行业和广告行业长期以来对主打产业产品形式布局的相对固定甚至固化，从而造成对迎接新兴合生广告业态的反应迟缓。缘于智能包装广告的主要依附主体为包装行业，本书研究的包装广告产业围绕各种包装材料广告、各类包装载体的产业状况展开分析。

包装行业作为与国计民生紧密关联的服务型制造业，在国民经济与社会发展中占据着至关重要的地位。改革开放以来，我国包装行业高速发展，现在已经建立起相当体量的生产规模，已经成为我国制造领域里重要的组成部分。目前，我国包装行业已经形成了一个以纸包装、塑料包装、金属包装、玻璃包装、包装印刷和包装机械为主要产品的独立、完整、门类齐全的工业体系。中国包装行业的快速发展不仅基本满足了国内消费和商品出口的需求，也为保护商品、方便物流、促进销售、服务消费发挥了重要作用。

改革开放以来，我国的包装产业以年均 18% 的增长速度递增，在短短 40 年时间内已实现了跨越式发展，到 2001 年的产值已达 2376 亿元，在国民经济主要的 40 个行业中从第 40 位上升到第 15 位，国际上通用的大部分包装设备、包装材料和包装制品，我国国内都能够加工生产。2006 年，世界包装组织决定世界包装大会在中国举行，这是继世界包装组织批准在中国建设亚洲包装中心之后的又一标志性举措，表明中国作为世界包装大国的地位已经确立，并正在与世界包装行业深入接轨。

近年来，我国国民经济持续向好。在我国国民经济持续快速增长带动下，我国包装行业实现了飞跃式快速发展，巨大的市场发展空间和优越的发展环境吸引了众多跨国企业和民营资本进入到包装行业。工业和信息化部统计的数据显示，截至 2015 年年底，我国共有 25 万余家包装企业，整体营业收入突破 1.8 万亿元，在全国 38 个主要工业门类中，包装行业对 GDP 的贡献率位列第 14 位。2016 年，我国包装工业总产值突破 1.9 万亿元，规模以上包装企业主营业务收入 1.17 亿元，占整个包装行业的 62%。根据 2019 年 4 月中国包装联合会发布的《2018 全国包装行业经济运行概况》，截至 2018 年年底，全国包装行业累计主营业务 9703.23 亿元，累计利润总额 515.65 亿元，分别比上一年同比增长 6.53% 和 1.92%。

中国市场上应用最广泛的包装产品是纸质包装和塑料包装产品，其次是金属包装和玻璃包装。据中国包装联合会的数据统计显示，2017 年，中国纸包装、塑料包装、金属包装和玻璃包装合计实现营业收入 9433.74 亿元，软纸和纸板制造占整个包装主营业务收入的 39.66%，其次分别为金属包装、塑料包装和玻璃包装，分别占比 31.50%、19.99% 和 8.85%。

智能包装是通过在传统包装中添加信息化、数据化的相关手段来保障产品的质量、防范运输过程中可能遇到的损坏、反馈电子系统收集到的信息数据，包括利用化学、物理、生物等手段研制出的具有很强特定专用性的新型包装材料，用计算机和通信技术制作的反馈信息装置，特殊的物理空间结构等。在 1992 年伦敦“智能包装”会议上，智能包装被定义为“在一个包装、一个产品或产品一包装组合中，有一集成化元件或一项固有特性，通过此类元件或特性把符合特定要求的职能成分赋予产品包装的功能中，或体现于产品本身的使用中”。① 随着信息技术的进步，印刷电子与智能包装联合体顾问委员会将之定义为，指通过创新思维，在包装中加入了更多机械、电气、电子和化学性能等的新技术，使其既具有通用的包装功能，又具有一些特殊的性能，以满足商品的特殊要求和特殊的环境条件。目前，智能包装及智能包装广告已经成为包装行业和广告行业未来发展的重要产业市场。据 2018 年市场研究未来报告显示，全球智能包装市场约为 467.4 亿美元，预计 2017 年到 2023 年将以 5.16% 的复合年增长率（CAGR）增长。② 我国材料科学、

① 黄昌海、卢超：《浅谈智能包装及未来发展趋势》，《上海包装》2018 年第 10 期。

② Bahar Aliakbarian：《智能包装在供应链中的优势和挑战》，高珉译，http://mini.eastday.com/a/190324085041051.html.（2019-03-24）［2020-02-01］。

现代控制技术、计算机技术与人工智能等相关技术的进步，带动了智能包装产业的迅速发展。2014—2018 年中国智能包装市场规模从 1200 亿元上升到 1600 亿元，预测 2022 年中国智能包装市场规模近 2000 亿元。①

智能包装技术最大的特点就是信息化、自动化、智能化，它可以利用互联网、电子感应器件、二维码等将商品所属信息附在商品的包装上，实现监测、识别等功能，可用来检验水果的新鲜度、医药用品的真伪等，并形成一套完备的智能包装广告体系。智能包装技术融入了食品、通信工程、印制工程、无机化学、物理等多门学科，这些原理与包装技术巧妙融合时，也大大提升了商品的智能性，可持续跟踪并实时反馈信息数据，有利于生产商或消费者及时处理遇到的状况。毫无疑问，智能包装创新性的核心是包装产品的交流本领，亦即是包装的广告功能。这是因为包装与商品在物流运输过程中往往“结伴而行”，包装是商品最完美的随行搭档，包装也时刻处在反馈商品即时信息最佳的显赫位置。

近年来，我国包装广告产业虽然发展十分迅速，但是存在大而不强的问题，整个包装行业的自主创新能力弱，重大科技创新投入与企业创新研发投入严重不足，大部分先进的包装装备与关键技术高度依赖国外。另外，高投入、高消耗、高排放的粗放生产模式在我国包装产业仍然较为普遍，绿色化生产方式与体系尚未有效形

① 《2019 年中国智能包装市场规模预计突破 1600 亿元》，http://finance.sina.com.cn/stock/relnews/cn/2019-09-20/doc-iicezzrq7149858.shtml.（2019-09-20）[2020-01-24]。

成。针对以上问题，需加快我国包装产业转型发展，包装广告产业就是一条特色发展路径。鉴于此，商务部、工业和信息化部两部委于 2016 年 12 月联合发布了《关于加快我国包装产业转型发展的指导意见》，明确指出应按照服务型制造业的产业定位，积极适应新常态下供给侧结构性改革要求，以有效解决包装产业发展的突出问题、关键技术与应用瓶颈为重点，深入推进包装产业的创新发展与转型升级。

人工智能技术为包装广告插上现代广告业腾飞的翅膀，智能包装就是结合了新型材料、电子信息技术、科学技术的产物，以自动化、智能化创意设计融入整个包装体系之中，形成包装行业、广告行业前所未有的新产业。随着包装行业对包装中“内含广告”的重视，专门安排业务部门开启包装广告业务，就会发现这一新生业态别有洞天的无限发展空间。而广告行业加强对各种各类包装器型、包装器物等承载的广告功能全面开发，一定能让包装广告迸发出异样光彩。人工智能技术的全面渗入，有助于解决我国包装行业面临的创新能力弱、高投入、高消耗、高排放等诸多问题，有助于为包装广告产业正名扬名形成应有的品牌形象，有助于为包装广告产业堂而皇之进入广告学名录创造良好条件，为其列入国家有关管理部门应有的产业类别、产业名录打下了坚实基础。

第一节 产业环境

鉴于包装广告产业远没有“登堂入室”形成大的气候，智能包装广告产业只能透过智能包装的一些现象特征，以一斑而窥全豹进行条分缕析寻索。Smithers Pira 公司发布的最新市场研究报告显示，2019 年，全球软包装市场规模将达 2280 亿美元，预计未来 5 年，这一市场将以每年 3.3% 的速度增长，到 2024 年市场规模将达 2690 亿美元。其中消费量将以每年 4.0% 的速度增长，将从 2019 年的 2990 万吨增长到 2024 年的 3640 万吨。在整个预测期内，软包装企业将持续创新灵活的软包装形式，并随着品牌商对这些软包装形式的接受而更进一步扩大其终端应用领域。此外，软包装行业必须通过提高原材料的环保性能以及采用绿色设计来满足不断增长的包装可持续性需求。

这还只是惯常概念的软包装，如果加上国家地区形象包装、城市形象包装、企业包装、影视剧包装、明星人物包装、建筑物包装、会展包装、旅游景点包装、公交地铁高铁包装、民航星空包装等全域式、全景式包装参与到“软包装”行列，联想到相对应的“硬包装”产业市场，智能包装产业及智能包装广告产业前景广阔不可限量。

一、制度引领

进入 21 世纪以来，中国政府高屋建瓴制定创新驱动战略，通过制度引领创建出全民族积极向上奋发有为的全域创新环境。习近平总书记强调，创新始终是推动一个国家、一个民族向前发展的重要力量。实施创新驱动发展战略，就是要推动以科技创新为核心的全面创新，要激发调动全社会的创新激情持续发力，加快形成以创新为主要引领和支撑的经济体系与发展模式，积极营造有利于创新的政策环境和制度环境。

（一）夯实基础。在国家创新驱动战略顶层设计指引下，我国智能包装广告产业制度创新、技术创新、内容创新、管理创新正在发展完善，基础设施日益夯实。首先，从"根"上从源头上解决当下和未来的网络安全问题。为了打破根服务器集中在美国的困局，全力推进实现全球互联网多边共治，中国主导的基于全新技术架构的全球下一代互联网（IPv6，互联网协议第六版）根服务器测试和运营实验项目——"雪人计划"于2015年6月23日正式发布，并于2016年在全球16个国家完成25台IPv6根服务器架设，中国部署了其中的4台，事实上形成了13台原有IPv4根加25台IPv6根的新格局，为建立多边、民主、透明的国际互联网治理体系打下坚实基础。其次，着力建设中国自己的网络系统，在未来网络精准发力。刘韵洁院士团队等国内超一流专家携手攻关，经过十数年奋斗，已经基本形成中国独成体系的未来网络基础架构。刘韵洁院士认为，2010年前后互联网发展开始向第三代互联网也就是未来网络过渡，进入与实体经济深度融合的发展阶段，其中，工业互联网、能源互联网、车联网等都将是当下和未来重点发展的领域。未来网络的核心要义是在现有网络架构基础上建设智能的网络高速公路，并尽可能地实现智能化、柔性化与可定制化，精准地提供“差异性服务”。

（二）技术先导。改革开放至今40多年时间里，我国在政治、经济、文化、科技、军事等方面取得了巨大发展。我国科技创新取得历史性成就，科技成果和科技地位发生了历史性变革，科技创新水平加速迈向国际第一方阵，核心技术自主创新能力明显增强，基础技术、通用技术取得重大突破，已成为具有全球影响力的科技大国。近年来，中国高铁、“神威·太湖之光”超级计算机、“天眼”射电望远镜、“墨子号”量子卫星、C919大飞机、时速600公里磁悬浮列车等“大国重器”重大科研创新成果逐步涌现。2020年，中国主导并全球领先的5G通信进入全面商用阶段，北斗导航北斗卫星全球导航建成并向全球提供服务。中国人工智能理论研究与实际应用和世界发达国家基本同步，中国的5G技术世界领先，智能包装广告运用多种高精技术支撑构建而成的新一代信息传播系统的太空运载技术、超级计算机技术、云技术、北斗导航定位技术等，中国都处于第一方阵。在这一系列中国科技创新非凡征程中蕴含的宝贵精神财富，构筑起中华民族伟大复兴道路上的精神路标，为智能包装广告进入全面应用创造了良好条件。

（三）基础设施。智能包装广告是人工智能技术在现有包装行业和广告行业的全新实践，是现有包装行业和广告行业与人工智能技术叠合加持的升级换代。与智能包装广告高度关联的基础设施，大致包括电信通信系统、互联网系统、物联网系统、车联网系统以及相关的各种各类智能接收终端。

中国电信通信“村村通”建设，为智能包装广告储积了丰硕的基础设施资源，足以保证全国城市乡村每一户居民接收到电信信号。与此同时，中国积极推进建设的网络空间命运共同体深入人心，中国网民规模超过 9 亿，互联网普及率达 64.5%，中国智能手机用户达 8.9 亿之众，为智能包装广告全面应用与推广提供了便利条件。

二、绿色环保

当下，环境保护已经成为世界各个国家和地区的发展共识，减少快递环境污染及其他货物运输途中的包装污染等问题迫在眉睫，“制止舌尖上的浪费”方针的出台，为绿色包装产业、智能包装产业提出了一个新的创意设计命题。绿色包装、智能包装为现代包装产业注入全新活力和动力，是包装产业、包装广告重新布局谋篇的重要方向。

（一）快递包装。2020 年 8 月，国家市场监督管理总局等 8 部门联合印发了《关于加强快递绿色包装标准化工作的指导意见》（以下简称《指导意见》），提出到 2022 年全面建立严格有约束力的快递绿色包装标准体系，成为快递绿色包装规范化、科学化、人文化发展的标杆指南，也从另一个方面指明了智能包装广告的健康、绿色、节能节约、智能科学的产业目标。

我国是世界第一快递大国，2019 年全国快递业务量突破 630 亿件。2020 年 1 月至 7 月，我国快递业务量完成 408 亿件，超过

2017年全年业务量。快递业务的巨量增长，导致快递包装物的使用量日增月涨，单是每年快递行业消耗的纸类废弃物就超过了900万吨，塑料泡沫、塑料胶带等废弃物约180万吨。我国快递行业所消耗的各种包装材料快速增长，对江河水环境、土壤环境、空气环境、海洋环境造成的影响越来越大，由快递包装、酒类包装、服装服饰类包装以及其他各种过度包装带来的资源浪费明显加剧，推广绿色包装、智能包装、低耗高效包装时不我待。

国家市场监督管理总局等8部门联合印发的《指导意见》，明确提出了建立快递绿色包装的“硬标准”，智能包装广告的创业机会、产业机会呼之欲出。中国推进实施快递绿色包装的“硬标准”之时，一大批与推进快递包装绿色化相关积极举措“软标准”“软约束”亟须跟进。政府管理部门可以通过政策支持和财政补贴等方式，鼓励包装行业、快递行业严格执行国家颁发的统一绿色包装标准，履行绿色包装的法定责任和社会责任。城市管理、市场监管、文化旅游等相关监督管理机构在引导、监督、奖惩包装公司快递公司或各种卖家在包装商品时，时刻树立包装资源产业资源循环利用理念，多些“素颜包装”“裸体包装”“自行包装”。国家市场监管总局方面认为，我国在快递包装上已出台一系列标准，涉及快递封套、包装袋、包装箱、生物降解胶带、电子运单等诸多方面，为支撑快递业绿色发展发挥了积极作用。随着快递业转型升级，与交通运输业、制造业等深度融合，在快递绿色包装新材料、新技术、新产品，以及快递包装一体化运作等方面，需要加快补齐一批快递包装的绿色化、减量化和可循环等的亟须标准予以支撑。

加强快递绿色包装标准化顶层设计，发布快递绿色包装标准清单，建立覆盖产品、评价、管理、安全各类别，以及研发、设计、生产、使用、回收处理各环节的标准体系框架。针对快递包装新材料应用、限制过度包装、材料无害化、产业上下游衔接以及末端综合服务等方面存在的标准短板，加快推出一批重要标准。对于涉及快递包装材料环保性、安全性等技术要求，支持制定强制性国家标准。在推动标准有效实施方面，加强部门协作，将快递绿色包装标准实施情况纳入快递、电商等行业监管。同时，开展形式多样的标准实施宣传贯彻活动，健全快递包装生产者责任延伸制，推动快递包装生产企业、电子商务经营者、快递企业实施产品和服务标准自我声明公开与监督制度。当前，我国主要快递企业、快递包装生产企业、电商平台都在积极开展快递绿色包装的创新探索，比如京东的“青流计划”、顺丰的“丰 BOX”等的快递包装新材料、新产品、新模式等创新成果层出不穷。这些借助国家标准而展开的优秀实践经验范例应进行总结提炼，形成可以在全行业推广的标准，加速创新成果的转化应用，提高快递绿色包装综合治理成效。

（二）餐饮包装。党的十八大以来，党中央高度重视并坚决清理整顿“舌尖上的浪费”“酒桌上的应酬”等老百姓深恶痛绝的突出问题，制定了《党政机关厉行节约反对浪费条例》（以下简称《条例》），发起了吃尽盘中餐的“光盘行动”抵制浪费的餐桌新风，但国内的包装创意、包装设计反应稍显迟缓，没有见到相关配套包装产品适时推出，为服务于国家需求、服务于社会需求作出应有贡献。2020 年 8 月，习近平总书记深深感到“餐饮浪费现象，触目惊心、令人痛心”，对制止餐饮浪费行为作出重要指示，指出要加强立法，强化监管，采取有效措施，建立长效机制，坚决制止餐饮浪费行为，强调要进一步加强宣传教育，切实培养节约习惯，在全社会营造浪费可耻、节约为荣的氛围。从当年《条例》的出台到贯彻落实习近平总书记关于制止餐饮浪费的重要指示，急需包装产业对包装设计尽快做出回应，从大包装、奢华包装回归到小包装、简易包装，从一次性包装过渡到绿色包装，再过渡到自带餐具、自带饮料杯盒。

中国高校师生员工总数超过 4000 万人，阵容庞大且相对文化素质较高，肩负着我国城乡绿色环保承上启下、上行下效的光荣使命。在我国高校范围内创新餐饮环保路径，创意设计制造出符合高校师生特点门类齐全的餐饮包装，从源头上根除各种各类“一次性”餐饮器具带来的各种环保隐患，身先士卒在新时代中国环境保护领域创建出一片餐饮绿色环保高地，为绿色中国、绿色世界做出积极的探讨和尝试。无论是专门为餐饮新风创意设计的新型包装，还是有识之士已经开始创意设计的中国高校的智能环保餐饮器具，都暗合着一个新的“巨无霸”智能包装广告产业市场等着撬动开发。

三、智能渗透

智能型包装技术融入多种学科和新型科技，其核心理念是人性化服务和智能化体验。随着互联网、云端大数据平台和智能家居的逐渐普及，智能包装、智能包装广告被赋予信息交互功能，拉近了消费者和商品之间的距离，商务信息的人机交互式沟通方式让两者有了实质上的“接触”。将信息通过云端的接收和存储装置，发送到消费者的手机等智能终端，为人们的生活带来便利。智能包装技术在维持市场平衡、商务简便化、维护权益方面也起着不可替代的作用，因此智能包装技术有着难以想象的发展市场和产业空间。除少数工业科技大国外，全球多数国家的智能包装市场规模都很小，基本处于初步试验阶段，应好好把握机会，抢先发展智能包装行业，培养大量相关科研人才，提高技术含量，将技术核心自主权把握在自己手中，从而快速适应全球一体化发展的境遇。建立一个完备的教育体制是发展及应用智能包装的第一步，从而重点培养顶尖的科研人员。同时，建立综合型科技交流平台，与欧美发达国家的顶尖人才和机构持续交流，相互学习，提升智能包装、智能包装广告从业人员的基本素质。智能包装广告行业应制定严格的市场发展准则，严禁滥用资源，利用新型媒体平台，向社会传达智能包装和环保的理念，普及知识，增强消费者需求，推动智能包装技术在各个领域的发展。

随着科学技术的飞速发展，人工智能正在频繁地进入人们的视野。尤其自2016年以来，人工智能技术迎来爆发式的发展，其不断展现出的在复杂劳动工作中的优越性使得传统行业正面临着激烈的挑战。关于“人工智能是否会代替人类”话题被各类媒体争相讨论。在快速发展的人工智能时代，作为包装广告、智能包装广告从业者同样面临着此类问题。

随着生活节奏的加快，产品的生命周期日益缩短，要求工厂降低生产成本。智能包装广告行业也必须适应这种市场变化，就造成每一条生产线总的运行时间缩短，增加了生产线更换频率，同时还要求更少的停机时间。随着生产流程的改进，新一代的机器人系统可以将商品生产和包装集成在一整套方案中，包括生产线的设计、生产、组装和维护。新机器人系统的优越性将在系统集成和生产线更换中体现出来。2017 年 12 月，世界最大化工企业——德国的巴斯夫股份公司（BASFSE）与荷兰的 Ahrma 公司进行合作，开始了数字化转型，双方联合提供智能物流解决方案。该方案通过优化流程，提高透明度，可提供更高效、更可靠且成本更低的供应链。Ahrma 公司生产的可回收托盘，可以为客户提供关于运输品移动轨迹、位置、温湿度、负载状态及跌落情况等的全面信息。

随着智能工厂自动化程度的提高，所需的包装行业工人数量必然减少。相比之下，对人工智能技术人员、熟练技术工人、软件工程师和程序员等岗位的需求将大大增加。在生产线中引入机器人操作，还将影响包装企业的选址。智能工厂的搬迁成本和劳动力成本都相对较低，因此包装广告制造商可以将厂房搬迁至更靠近客户的地方，以便能根据客户需求做出快速响应，节约时间成本和物流成本。同时，利用工业互联网（Industrial Internet of Things，IIoT）技术，大公司可以在集中式控制中心管理全球多个工厂，从而在包装的生产和印刷方面提供更大的准确性和一致性。工业 4.0 之前，传统的工业机器人仅能在特定环境下完成程序规定的动作。为了避免人类受到伤害，必须将人类和机器人的工作空间分开，因此这并不是真正意义上的合作。而随着人工智能的发展，智能机器人将取代传统工业机器人。智能机器人通过各种传感器，可以识别人类的动作，进而考量人类的想法，实现真正的人类和机器人在同一工作空间的直接同步协作。智能机器人不仅能与人类进行交互，还可以和环境、材料、其他机器人、其他设备等进行交互。通过人机协作，发挥各自优势，使生产线更加的柔性化，从而大幅提高生产效率。目前，各大企业都在投资开发机器自主学习系统，以提高各行业的自动化水平。预计机器人将迈入拥有自主学习能力的时代，并将在未来 5 年内扩展到包括包装在内的主要行业。要充分挖掘机器人自主学习的潜力，包装行业、智能包装广告行业必须打破数据孤岛，加强多源数据融合这一企业创建新业务模型的关键技术应用。①

第二节　产业人员

智能包装广告产业的发展，极其依赖于产业上下游的各个链环上的所有人员，既包括人工智能技术人员、包装行业从业人员、包装广告创意设计人员、包装广告运营管理人员，也涉及传统广告公司转向包装广告、智能包装广告的广告新锐人员。随着整个包装广告产业向着低碳化、集群化、规模化、智能化方向发展，对智能包装广告产业领域的从业人员的要求必然水涨船高。

① 参见张才忠:《包装行业在工业 4.0 时代所面临的挑战》,《中国包装》2019 年第 6 期。

在目前中国包装广告没有真正实现融合到位的状况下，了解包装广告、智能包装广告从业人员的基本状况需要从包装行业从业人员和广告行业从业人员两个大方面入手，同时兼顾到人工智能技术人员的加盟人员数量。

一、广告产业人员

我国广告从业人员数量早已超过百万，属于阵容庞大的超级产业巨舰，从 2013 年到 2018 年 6 年间呈现逐年上升势头。2013 年，我国广告从业人员为 262.2 万人，2018 年我国广告从业人员从 2017 年的 438.2 万人飙升到 558.2 万人，与上一年相比增幅达到 27.04%，是 6 年来的最高值。

从一般意义上看来，广告从业人员的所指范围非常广泛，包括广告公司、媒介广告经营部门、企业广告管理部门与广告活动相关的所有从业者，涵盖广告媒体合作、广告创意设计、广告制作、广告市场调研、广告发布、广告推广、广告反馈等，每一项广告职能工作都需要相适配的从业背景和专业知识。我国数以百万计的庞大广告从业军团，稀释了广告行业应有的专业价值，使得原本专业很强的智力脑力密集型行业某种程度上沦为“劳动密集型的服务业”。这些广告产业人员一方面被期望在促进我国消费升级、拉动内需以及振兴民族品牌等方面发挥更大的作用；另一方面也被要求承担更多的社会文化发展使命。

根据北京联合大学就业研究平台课题组对北京地区广告行业的

调查结果，广告专业大学毕业生就业的专业对口率只有 47.5%。创意设计人员成为行业主流人群。统计显示，2015 年，我国全广告行业创意设计人员总数达 65.85 万人，年增幅高达 15.7%，成为当年广告行业各类从业人员中增幅最高的类别。在各项广告具体业务中，以创意为基础的设计与制作两项的收入增长都达到了两位数，分别为 11.75% 与 12.72%，明显超过代理与发布等业务。上述指标显示，创意设计仍是广告行业发展的内动力。①

尽管市场的快速发展与行业吸引力使我国形成了庞大的广告从业人员规模；尽管广告从业人员的经济与文化价值日益受到肯定；尽管社会对广告从业人员的需求仍在增长，但我国广告从业人员的生存状况却并不乐观，计划经济思维导致的广告职业的边缘化地位几十年来并没有得到根本改变。广告从业人员的工作强度非常高，因为他们既要像艺术家那样使用智力与激情创作文化作品，又要按照市场的规则参与竞争与提供服务。然而，高强度的工作却没有带来相应的高收入。广告从业人员的薪酬水平普遍较低，甚至缺乏基本的保障，据称 40% 以上的广告从业人员没有落实“五险一金”。

二、包装从业人员

包装行业从业人员队伍涉及包装机械行业、印刷行业、造纸制造行业、包装创意设计行业以及包装成型集成、包装运输、包装推

① 资料来源：《2018 年中国广告行业营业额、从业人员及经营单位数量分析》，2019 年 6 月 21 日，华经情报网，https://www.huaon.com/story/423929。

广等大量上下游行业，整个体系的从业人员是一支超过千万级的“巨无霸”队伍。近年来中国包装行业整合能力不断加强，产业规模不断扩大，从业人员增长较快。到2018年中国包装行业从业人员数量达到4260.49万人，较上一年增长了72.31万人。

随着全球经济和市场一体化进程的持续推进，各大产业依据其首要区位因素重新在世界范围内进行产业转移和分布，产业转移已成为经济全球化下的必然趋势。包括我国在内的广大亚洲地区由于拥有良好的制造业产业配套资源。人力资源充足、成本低廉、技术熟练，其有较强的制造成本优势，吸引了大批制造业国际知名品牌企业。包装行业作为多种制造业的配套行业，通常随着下游行业布局的变化而变化。全球制造业生产中心的转移，有力地促进了我国包装行业的迅速发展。

三、智能广告从业人员

随着智能广告时代的来临，包装行业和广告行业人力资源需求正面临着技术化融入的时代转变。程序化、机械化、重复性的传统广告所需要的脑力劳动和体力劳动，正在被标准化、智能化、自动化、精确化、个性化的智能广告技术所取代，新生代的智能广告专业人才正蓄势孕育茁壮成长。

2017年4月，阿里集团在UCAN2017年度设计师大会上正式公开了人工智能设计系统“鲁班”，其原理是通过人工智能算法和大量数据训练，经过智能机器学习设计，输出广告设计能力。在

2016年“双11”网络购物狂欢期间，“鲁班”系统把“双11”站内投放广告形式呈现为千人千面，根据主题和消费者特征进行个性化呈现，平均每个分会场需要投放3万张图片素材，整个“双11”网络购物狂欢期间累计生产了1.7亿数量级的广告素材。这1.7亿的广告素材，满打满算需要100个设计师不吃不喝连续工作300年。鲁班系统除了个别模板还需人工设计以外，基本承接了此项目全部的工作量，设计效能得到大幅提升。很显然，传统广告设计师机械化的工作正在被人工智能技术所取代。

当然，类似于阿里集团“鲁班”系统的智能广告，尽管已经得到广告市场的极大关注，而且掀起了一波又一波智能广告创意、智能广告制作热潮，但这并不等同于传统广告设计师将全部被人工智能机器“抢班夺权”，人工智能机器人只是帮助设计师解决了大量重复性的简单机械工作，在类似于亿万民众“双11”网络购物狂欢而广告公司应接不暇时一展身手，偶尔为缺乏设计能力的商家提供智能化创意设计服务，解决那些对广告创意设计要求不高的客户需求。对于高端广告设计领域的“高精尖”专业工作，具有超级想象力、超强创新力、高度艺术表现力的广告创意设计师，才能够被更多派上用场。

四、产业人员结构

目前，我国包装广告产业还没有完全形成气候，智能包装广告还处于观望蓄势阶段。一方面，我国包装行业更注重包装材料、包装机械、包装印刷、包装设计、包装工程等包装传统工艺、传统产业，对包装裹挟的广告开发远远不够深入、不够精细、不够透彻；另一方面，广告公司忙于应对各种新媒体广告介入之后广告行业全新格局，疏于顾及包装器型、包装器具本身的广告元素、广告市场。这两个原因的叠加，自然就形成了长期以来包装广告专业人才的缺失。当人工智能浪潮席卷而来时，无论是包装行业还是广告行业的现有人力资源，都面临着在新技术新市场到来之时转型升级的急迫问题。

我国广告公司员工素质跟不上时代的需求，缺乏专业性高素质人才。有的广告公司雇员没有经过专业学习，只是参加培训班学习点知识，有的是半路出家，在知识爆炸的今天，他们的知识储备无疑是远远不够的。这种广告公司专业人才构成，对广告行业的广告创作、广告设计、广告制作及其广告传播质量都会产生严重影响，进而影响到我国整个广告产业的发展进步。由于广告公司在管理方面存在一系列问题，员工流失比较严重，影响了对高素质人才的储备，不利于广告公司的快速健康发展。在信息化时代，广告业需紧跟时代潮流，不断推陈出新，我国急需培养广告专业高素质人才，广告公司要定期对员工进行培训，给他们输送新的知识与血液。

传统广告时代对于从业人员的能力要求主要来自广告行业自身，比如，创意设计能力、广告内容表现能力、广告市场分析解读能力等，智能广告时代除上述能力要求之外，还要求从业人员具备较高的信息技术运用能力，需要有一定技术含量的跨界综合素质较高的人才。传统广告时代要求广告人是具有宽广知识面的杂家，而智能包装广告时代“不能再是简单的杂家，更应是跨越学科界限的多领域专家”，特别是对于信息通信技术的理解能力、运用能力。智能包装广告直接推动力是人工智能技术，在人工智能时代对智能技术的理解运用能力成为行业人才的核心竞争力。

在智能传播时代，传统报纸杂志广播电视等一大批专业或非专业内容生产者的信息传播活动与各种各类自媒体、网媒体、车媒体等媒体交杂在一起，受众注意力呈现分散化趋势，媒体分化现象日益突出。在这种信息纷杂的传播环境下，创新能力仍然是包装广告行业不可替代的核心竞争力。人工智能技术的发展能够在未来部分替代人类“左脑”功能已成为共识，而“右脑”功能却难以替代。广告行业历来被认为“不创新，就是死”，从这个角度说广告业自身的性质和传统使其受到人工智能冲击较小。人工智能技术能够模拟人的逻辑思维，但却不能够具备人类独有的发散性创新思维能力和艺术表现力，因此创新能力和创意能力无论是在传统广告时代抑或智能包装广告时代仍然是现代广告从业者脱颖而出的内生动力。

据统计，2010 年至今，中国智能包装行业市场规模不断攀升。2017 年，中国智能包装行业市场规模为 1488 亿元，同比增长了 8.99%。2023 年，中国智能包装行业市场规模有望突破 2000 亿元。总体来看，中国智能包装行业市场前景广阔，进而吸引了许多投资者的进入。尤其是对于传统包装印刷企业而言。2015 年，受全国包装印刷行业下游需求出现疲弱影响，多数包装印刷企业产销量增速明显放缓，部分企业开始主动选择向智能包装领域转型，并进行技术升级，其中就包括美盈森、劲嘉股份、贵联控股、裕同科技等中国包装行业龙头企业。早在2015年年底，劲嘉股份在其五年（2016—2020年）发展战略规划中就明确提出，公司将大力推进“互联网+”、RFID传感技术、物联网、大数据等技术在包装产品领域的深度应用，力争实现RFID等技术在大包装领域的广泛应用，促进包装产品智能升级。2018年以来，我国各大包装公司智能包装领域的业务布局持续、稳步推进（见表6.1）。

表6.1　2018年中国部分企业智能包装领域布局状况①

企业名称	涉足时间	标志性事件
劲嘉股份	2018年1月	致力于芯片设计开发、天线设计开发、互联网数字产品开发、包装创意设计制作、智能物联传媒策划设计
美盈森	2018年4月	与陕西省西安市经开区签署了《智能包装研发生产基地项目入区协议》，项目总投资4.3亿元人民币
贵联控股	2018年6月	公开表示欲投资2.8亿元人民币发力智能包装产业
裕同科技	2018年8月	与四川省宜宾市签署智能包装及竹浆环保纸塑项目合作协议，加强与宜宾市在智能包装、环保包装等方面的合作

第三节　产业技术

智能包装广告正在向越来越多的生活工作领域应用渗透，包括医疗包装广告、美容包装广告、服装包装广告、食品包装广告、零售包装广告，等等。智能包装广告可以令消费者感受到包装袋里面

① 资料来源：前瞻产业研究院，https://bg.qianzhan.com/report/detail/459/190131-8c550192.html。

食品的状况，将有关其安全性数据提供给消费者。这样不仅有利于产品广告的定位，保证了食品质量，而且也使零售商获取更好的价格。随着智能手机等智能终端在全球范围内的普及，智能包装广告在打击假冒伪劣产品方面起到的作用也越来越大。很多手机目前都具备了二维码处理功能，通过手机的照相功能和定位功能，消费者可以先拍下某一个特定二维码，然后再下载下来查看相关的优惠券、产品使用说明、教育娱乐信息、食谱和其他有用的信息。

5G时代的来临，对包装产业、包装广告产业及智能包装广告产业来说意味着什么，这些产业发展背后的驱动力是什么，产业的技术支撑体系是什么，这是一系列值得深思的话题，也是一个需要理顺的层级逻辑关系问题。

以智能包装所涉及的相关技术为例，包含有保鲜技术、水溶膜技术、二维码技术、智能防伪技术、射频识别技术、食品安全溯源解决方案技术、包装性与结构创新技术、便捷包装技术、物联网技术和其他创新技术。那么智能包装广告所涉及的相关技术，自然还需要加上超级计算机技术、北斗导航技术、5G通信技术、智能场景技术、智能摄录技术、智能广告发布技术与智能客户信息反馈技术，等等。

一、发展概况

近年来，现代工业依靠人工智能技术加持便放飞了自我，把人类社会带入了“大智能工业”时代。在此背景下，智能包装、智能包装广告粉墨登场，并在材料科学、现代控制技术、计算机技术与人工智能等相关技术进步的推进下飞速发展。

智能包装广告产业技术含量较高，整个包装广告流程通过创新思维，加入了更多机械、电气、电子和化学性能的新技术，使其既具有通用的包装功能、广告功能，又具有一些特殊的包装广告性能，以满足商品的特殊要求和特殊的环境条件。

第一代智能包装技术基于光学 / 视觉识别，侧重于通过光学特性解决防伪、追踪、防盗等问题。第二代智能包装技术融合了印刷电子、RFID、柔性显示等新型技术，使商品及其包装对于人类更具有亲和力，使人机交互式沟通更为便捷，使得智能包装、智能包装广告更加主动地呈现出物联网特性。总体来看，智能包装涉及保鲜技术、水溶膜包装技术、二维码技术、包装性与结构创新技术、便携包装技术、纹理防伪技术、磁共振射频防伪识别技术、食品安全溯源方案技术、物联网技术等。其中，除了保鲜、二维码、水溶膜以及便捷包装技术之外，其他大部分技术均属于印刷电子技术涉及领域。

自 2016 年开始，中国智能包装行业的技术研发步伐明显加快，为推动行业发展奠定了坚实的基础。在这些技术中，印刷电子技术的应用备受瞩目，印刷电子技术可以广泛整合到物联网技术、智能防伪技术、射频识别技术等诸多技术之中，且具备柔性、环保、低成本等诸多优势，市场应用前景广阔。具体来看，印刷电子技术是将传统的印刷工艺应用于制造电子元器件和产品上，其最大特点是它们不依赖于基底材料的导体或半导体性质，可以以薄膜形态沉积到任何材料上。目前，在绝大多数的智能包装应用中，都可以通过整合印刷电子技术，实现更多“智能”属性，例如在仓储、运输、销售过程中的质量信息记录与表现等，并具备柔性、环保、低成本等优势。

此外，印刷电子技术的应用还将有助于信息型智能包装的发展。总体来看，智能包装大致可以分为功能型智能包装、结构型智能包装、信息型智能包装和其他类型智能包装。其中，信息型智能包装由于可以解决安全性、可靠性和自动功能等市场痛点，被认为是未来最有发展活力和前景的包装类型之一。而信息型智能包装对于其在仓储、运输、销售过程中的质量信息记录与表现等“智能”属性要求较高，也对印刷电子技术提出了更高要求。未来对于印刷电子技术的整合以及深度研发或将是智能包装行业重要的技术发展趋势之一。

我国近年来智能包装技术、智能包装广告技术得到了较快发展，技术创新步伐加快，并且在自主知识产权方面有所突破。2016年，中国智能包装行业专利申请数量得到“爆发式”增长，同比增长了4.4倍，达到了136件。而后的两年内我国智能包装行业专利申请数量依然保持高位增长势头，均在150件以上。截至2018年，中国有关智能包装的专利申请数量一共达到567件。在原创发明专利方面，智能包装的发明专利数量也得到快速增长。2010—2018年，智能包装行业内发明专利申请数量占比总体有增长趋势，2018年发明专利占比提高至42%；此外，自2016年以来，发明专利数量同样得到明显增长，2018年发明专利申请数量为63件。

发展智能包装、智能包装广告，已成为当今社会包装行业、广告行业的发展趋势。我国应抓住现在的机遇，大力研发智能包装技术、智能包装广告技术，适应未来产品包装、未来产品包装广告的新形势，创造智能化、信息化的新包装、新包装广告，提升产品的广告价值、宣传价值来推动经济的发展。包装首先是为了保护产品而设计，但包装发展到今天，其内涵越来越强大，形式越来越多样化，渐渐地延伸出产品宣传的功能，商家利用包装产品的纸、盒、罐等介绍产品的内容，直观明了。优良的包装又有助于产品的陈列摆放，有利于消费者识别选购，激发消费者购买欲望。

随着5G时代的到来，5G技术、5G网络激活了人工智能技术的商业化运作与市场推广，得以在包括现代包装在内的各个领域全面商用化、实用化。从某种意义上说，正是5G时代并唯有5G时代的到来，包装与广告的结缘繁衍才实现了真正意义的“天衣无缝”，才迎来了具有实质意义的无处不在的智能包装广告应用与发展。智能包装广告是人工智能技术在包装行业、广告行业以及二者之间的边缘地带夹生的包装广告之理论探索与实际应用，代表着广告行业继传统媒体广告、互联网等新媒体广告、户外广告、楼宇广告、星空广告之后又一支广告新军的崛起，也是包装行业由内而外的一次革命化跃进。智能包装广告彻底颠覆了传统广告的基本概念，不仅仅是户外广告智能化、物联网化，也包括了互联网广告和传统媒体广告的智能思想、智能创意、智能设计、智能艺术、智能制作、智能发布、智能反馈、智能检校和智能评估等一整套系统工程，还包括传统媒体广告、互联网等新媒体广告、户外广告、楼宇广告、星空广告的智能组合、智能营销和智能品牌推广。

二、增强现实

增强现实（Augmented Reality）技术是一种将虚拟信息与真实世界巧妙融合的技术，广泛运用了多媒体、三维建模、实时跟踪及注册、智能交互、传感等多种技术手段，将计算机生成的文字、图像、三维模型、音乐、视频等虚拟信息模拟仿真后，应用到真实世界中，两种信息互为补充，从而实现对真实世界的“增强”。以往的包装广告营销，传递信息单一、传递内容受限。随着包装新材料、新工艺、新技术的融入，赋予包装广告更多的信息功能，现代包装成为一个会讲故事的载体。AR 作为下一代信息交流的媒介，正成为连接现实与虚拟的技术桥梁。智能包装广告应用增强现实技术，以包装为媒介，通过手机等通信设备，改变传统的表现形式，打破原有包装信息承载上限，表现更多产品信息、产品故事，让消费者通过 AR 了解产品更多的信息维度，最大限度地展现产品的魅力。

吉百利公司在 2017 年发行了一套采用 AR 技术的新日历，这项活动为吉百利带来了约 300 万美元的销售额，共售出 57 万本日历，通过这个 AR 日历产生的互动高达 20 万次，互动率达到 35.2%，约有 43% 的消费者在多天内参与了互动。整个营销活动期间，1000 多张照片和视频被拍摄与分享。

2013 年，可口可乐在英国与流媒体音乐服务平台 Spotify 合作，把可乐瓶身变成了一个音乐播放器，最后共计 75000 名用户下载并使用了该应用，较之前参与可口可乐包装上印刷的二维码促销活动人数提高了 300%。2014 年圣诞节，可口可乐在美国投放了一个 AR 广告来和用户进行互动。据统计，在这个 AR 广告投放的 1 个月内，相关 AR 应用有 5 万次的下载，在 Google Play 应用商店的免费应用排行榜一度排名第一，共计 25 万用户搜索了这个 AR 包装广告。2016 年里约奥运会期间，可口可乐在淘宝天猫超级品牌日上线了一款 AR 互动小游戏。首发当日，可口可乐的天猫旗舰店访问量环比增长了 1500%，由于互动过程新颖有趣，使得转化率环比提升 13 倍。包装产品上都有常见的品牌特有 LOGO，但可口可乐巧妙性地利用了 AR 新技术来赋予产品更深层次的意义。

基于不同的包装材料和印刷图像的 AR 识别，将 AR 技术用于传统销售行业的广告，AR 技术突破了仅使用图像和文本表现产品的理念；同样的，将产品的理念延伸到近年来发展火热的移动互联网、虚拟世界中，甚至将包装的概念扩大到更广泛的范围，使包装不仅可以保护产品，也可以包含防伪、追溯、营销推广等更多的功能，将产品的特点表现得更加淋漓尽致。

在智能包装上应用增强现实技术，运用以人为本概念，加入产品互动体验，让包装产品不再空洞，有效解决产品“孤岛”现象。产品有了“生命”，与消费者就更容易产生共鸣，从而提高产品的可销售性，AR 技术在包装的应用增强了品牌和消费者的黏性。AR 技术在智能包装中的交互性体现不只是人与包装、产品的互动，智能包装还促进万物互联，使包装营销具有社交性。消费者的好奇心更加有助于 AR 技术推动智能包装广告社交化的趋势。AR 技术可以让包装实现自我营销，将有趣的产品介绍信息通过智能包装产品以虚拟信息的形式传送给 AR 用户，实现包装 AR 信息化，AR 技术可以通过扫描产品来获取周边社交信息，助力产品推广社交化。从营销角度来看，增强现实是一种图像识别技术，即品牌商可以通过物理触控点（产品包装、营销支架、印刷广告等）添加数字内容和互动体验，消费者则可以通过使用智能手机中的增强现实应用程序来扫描解锁这些数字内容。

AR 技术为智能包装广告行业带来了很多机会。首先，最大化信息维度。传统包装广告包含的信息有限、呈现形式比较单一，产品由于受到包装尺寸和大小的限制，广告信息还需要精简并且直入主题。但在包装上运用 AR 技术后，由于其展现的内容是数字化的，载体是手机、平板或 AR 眼镜等，可以容纳近乎无限量的产品相关信息。其次，互动化品牌传播。在产品高度同质化、缺少差异性的现在，企业越来越青睐于在产品包装上进行创新。新潮的 AR 技术非常适合时尚、活力的品牌企业使用，以突出其动感的一面，另外，AR 技术的高互动性和参与性更可以俘获年轻消费者的心。在这里，AR 技术起到了让包装具有交互性的催化剂作用。最后，娱乐化营销手段。AR 技术可以塑造出一种全新的广告销售模式，用于传达产品信息，针对环境、个人、时间、位置进行调整，并作出具有互动性的内容，将线下和线上销售变得更为紧密。在终端快消品中应用 AR 技术，可以为消费者带来令人惊讶的实实在在的体验，消费者更有可能产生共鸣，从而对品牌产生积极影响。可以说，AR 技术的浸入，增加了品牌和消费者接触的机会，日积月累，品牌就会得到长久、积极的回报。

三、二维码

在 21 世纪互联网、物联网、大数据技术蓬勃发展的背景下，商家与消费者对产品智能包装以及附加价值的要求越来越高，而二维码凭借成本低、操作简易、存储信息量大等优势，已成为全球应用最为广泛的感知技术之一，在产品包装上对它的应用是行业内的一大趋势。

鉴于二维码独特的功能和特点，在当下和未来势必会有更多的产品包装嵌入企业二维码或“一物一码”，作为信息载体的二维码在未来三年内将会撬动千亿级的市场。在可设想的未来，产品包装可能会因二维码而成为企业互联网自媒体的入口，消费者可以通过扫码直接将产品体验感受或意见反馈给终端，从而逐渐形成每个产品专属的大数据分析平台，为品牌用户提供更多增值服务。二维码更多地被应用于包装广告的传播方式，通过色彩表现、局部遮挡、元素嫁接、整体造型、场景再造等更多方式，设计出更多与产品风格契合的个性二维码，会使产品智能包装广告熠熠生辉。

二维码技术无需借助额外的识读工具或设备，只是一个印刷图案，生产成本非常低廉，因此在全球范围内得到了快速应用和推广，消费者已经习惯了二维码扫描模式。目前，全球约有 20 亿智能手机用户使用二维码标签，获得产业化成功的案例不胜枚举。比如亚马逊在包装盒上印刷其自创的二维码“Smile Codes”，消费者无需认真阅读密密麻麻的包装袋信息，只需扫描产品包装上的二维码，就可以通过视频、音频、文字、图片等多重手段更加直观地了解产品信息。

当消费者选购烟酒、化妆品、高档皮具等频出高仿假冒现象的商品时，往往首先关注的即是否为正品，而二维码便可承载防伪的功能。商家通过在包装上设置“一物一码”，不仅可以使消费者验证产品的真伪，还可以让消费者在扫码的同时选择关注门店位置、了解会员优惠信息等。对于食品行业来说，自 2015 年新修订的《食品安全法》鼓励企业采用信息化技术从实现食品安全溯源开始，食品电子追溯体系正式成为大势所趋，很多具有先觉性的企业均已开始采用二维码作为其产品溯源窗口。二维码在包装中的植入，可以快速准确地应对市场需求，更易获得消费者的信赖，已然是食品市场的溯源典范。

QR 码其实是二维条码的一种，通常放在产品包装上作为一种信息载体，其优点是存储信息量较大、信息读取方便且纠错性能优越，能让消费者获得产品详细信息，充分与消费者互动，发掘消费需求，成为企业营销的一种手段。例如烟草包装广告，其信息容量大，编码范围广的特点可以在编码过程中将烟草企业信息、卷烟制作工艺、选用烟叶等级、卷烟文化内涵，以及其他关于烟草广告宣传的音像资料等，都浓缩编制在 QR 码里。在当今全面禁止烟草广告的大环境下，QR 码将成为烟草企业自身形象和广告宣传的良好载体。除此之外，QR 码在制作过程中可以进行加密，具有极高和极强的防伪功能，可有效实施产品身份验证。QR 码在杜绝卷烟市场假冒伪劣现象、有效防止窜货、维护消费者权益、保证卷烟市场健康稳定发展等方面，将起到事半功倍的作用。随着互联网（移动互联网）、智能手机及其他智能终端的快速发展，QR 码发挥的潜力正变得越来越大，一些知名公司也相继投入到吸引用户扫描和生成 QR 码的实践中。QR 码在产品包装（尤其是化妆品包装）上的应用还不是很广泛，还具有一定的产业变革空间，尽量利用该项技术为我们的生活带来更多的便捷和乐趣。

四、全息投影

全息投影技术（front-projected holographic display）也称虚拟成像技术，是利用干涉和衍射原理记录并再现物体真实的三维图像的技术。这一技术将三维画面悬浮在实景的半空中成像，观者无需佩戴 3D 眼镜即可看到立体的虚拟影像。中间可结合实物，实现影像与实物的结合。营造了亦幻亦真的氛围，效果奇特，具有强烈的纵深感，真假难辨。也可配触摸屏与观众互动，还可做成全息幻影舞台，给产品 360 度立体的演示；目前在国外有不少手机厂商应用 3D 全息投影技术进行产品展示，这一技术由于新奇性能够给观众留下深刻的印象，也会使产品达到良好的宣传效果。MED 公司作为专注服务外资医药企业的营销策划公司，始终将自身的经营定位于医药领域。该公司使用全息投影技术应用于药品上市会的启动仪式，以高科技、高质量的形象面向广大医生和患者群体。

此外，全息投影技术实现了从前耗费巨资都不能想象的效果，日本艺术家 Nobumichi Asia 发明的面部全息投影技术（Face Hacking）——OMOTE 的 3D 全息投影技术可以轻松实现“易容术”。OMOTE 的 3D 全息投影技术通过在人脸上投影实现瞬间换妆的立体效果，借助投影仪将处理过的动画或妆容投射到脸部。呈现的效果非常自然逼真，即使脸部晃动也不影响投影效果。如果将面部全息投影技术应用于化妆品或服装造型的广告宣传将收获极佳的宣传效果。

目前，全息投影技术在智能包装广告宣传领域刚刚起步，全息设备正开发出更多种的广告表现手段，这种立体的展示效果与广告的结合发展前景无限光明。虚拟影像呈现真实的效果特别适合表现细节或构造精密的贵重物品，比如手表、珠宝、名车等工业产品的包装产业设计，通过虚拟技术可以更加安全清晰地展示商品，交互功能的加入让用户可以根据所需调节影像从而得到需要的信息。

五、检索评估

智能化广告检索是根据查询、受众等定向条件检索出所有满足投放条件的广告，根据查询的模糊匹配，要求将与该查询文本在语义上相近的广告尽可能地召回，供下一阶段广告排序和选择算法使用，这项技术为智能包装广告产业展示出无限的产业市场前景。

在竞价广告检索评估的模式下，广告投放机根据点击率预估的结果对广告进行排序和选择。对于一个新上线的广告，如果没有充分的曝光，是无法对其点击率作出准确预测的。这时如果我们仅采用利用的方案，会倾向于选择其他点击率更高的广告，或给出一个较低的出价。长此以往，该广告很可能丧失足够的曝光机会，我们也永远无法对其点击率进行合理的估计。因此，我们需要对曝光量不足的广告进行探索，但仅仅采用探索的方案显然也是不行的。对于已有足够曝光量的广告，还是应该遵循点击率预估的结果进行排序、选择和出价。探索与利用是一对矛盾的主体，需要在其间找到平衡，才能达到最佳的投放效果，这也是强化学习所重点关注与解决的问题。在强化学习的场景下，一开始我们并没有足够多的带标注样本，需要与环境进行交互（投放广告），通过获得反馈的方式来改进模型，最终获得一个最优的投放策略。在程序化交易的场景中，需求方平台还需要对选定的广告进行出价，如何优化出价也是一个独立的研究课题。

在 2019 博鳌国际高端区块链论坛期间，智能移动广告矿机全球启动大会分外吸引人的眼球。有关方面称，智能移动广告矿机是“区块链赋能实体”理念的核心所在，致力于颠覆传统的广告宣传模式，未来将通过其资源好友型挖矿方式和对移动场景广告市场的探索，继续实践“区块链赋能实体”的理念。

全球权威媒体机构 Zenith 2017 年发布的《全球 30 大媒体主》排名显示，互联网公司更是占据了半壁江山。除了美国 Alphabet 和脸书雄霸前两位外，中国百度排第 4 名，腾讯排第 14 名。传统媒体中排名最高的是康卡斯特（Comcast）媒体集团屈居第三位，排名第 20 位的 CCTV 也成为中国排名最高的传统媒体主（见表 6.2）。

表 6.2　2017 年全球 30 大媒体主排名情况

排名	公司名称	排名	公司名称
1	Alphabet	16	Advance Publication
2	脸书	17	JCDecaux
3	康卡斯特	18	新闻集团
4	百度	19	Grupo Globo
5	迪士尼	20	CCTV
6	福克斯	21	Verizon
7	哥伦比亚广播公司	22	Mediaset
8	iHeartMedia	23	探索传媒集团
9	微软	24	TEGNA
10	贝塔斯曼	25	ITV
11	维亚康姆	26	ProSiebenSat Group
12	时代华纳	27	Sinclair Broadcasting Group
13	雅虎	28	Axel Springer
14	腾讯	29	Scripps Networks Interactive
15	推特	30	Hearst

包装是行走的免费广告，而包装广告活动是一项复杂的系统工程，影响广告效果的因素重叠交织又相互制约。除了需要包装技术过关这种硬性要求外，广告传播效果的好坏又会反过来影响和制约着智能包装产业、智能包装广告产业的发展。因此，智能包装广告产业若想要通过技术创新激荡出智能包装应有的匹配作用，包装创意、包装设计与包装广告材料、包装广告制作的精密契合也是一篇很重要的大文章。

在智能包装广告创意、智能包装广告设计中，除了注意产品的结构、功用、材料使用等方面，还需要对智能包装广告进行艺术化处理，在表现方式及表现效果上加以创新，创造出丰富多彩的智能化包装设计特色作品。在发挥智能化包装广告功能的同时，通过形式体现内容，并获得审美价值以形成“有意味的形式”，这不外乎是运用造型、文字、色彩、图形、材料等要素来开创新包装形式，以满足现代人的审美与文化发展的需要。与此同时，还应追求包装设计的形式美与实用功能的统一、注重新材料新工艺的合理应用、强调商品信息的准确传达、关注消费群体的审美差异、注重包装设计形式美的整体性表达，并将包装设计形式美的民族性与时代性相结合。唯有如此，才能使智能化包装具有新的审美特征与文化体验相结合的感性产品包装。

智能包装广告是包装行业和广告行业新一轮的“大洗牌”，可以考虑将车载包装广告、户外广告、楼宇广场广告等智能化，还可以打通包装广告各个环节的连接线，推进智能组合广告、智能营销广告，智能传统广告、智能互联网广告等全天候立体广告战略。智能包装广告还处在萌芽阶段，包装广告仍局限于“包装创意”“包装设计”等单一独立层面，缺乏包装界权威人士及创意设计大腕、广告界大腕和技术人员等的参与，尚未形成一条完善的、具有先进科学并且可持续发展的产业链。5G 技术串接起智能包装广告一条明确的发展路线，遵循着“互联网 +5G+ 智能 + 包装 + 广告”这一发展路径，可望深入发掘出这一领域的大好未来。

第四节 产业类别

我国包装产业经过几十年的发展，已经逐渐建成涵盖包装创意设计、包装机械制造、包装材料生产、包装检测、包装流通和包装回收循环利用等全部包装产品、全生命周期的完善体系，一般分为包装材料、包装制品、包装装备/包装机械三大类别和纸包装、塑料包装、金属包装、玻璃包装、竹木包装五大子行业。进入21世纪以来，我国包装产业规模稳步扩大，结构日趋优化，实力不断增强，地位持续跃升，在服务国家战略、适应民生需求、建设制造强国、推动经济发展中的贡献能力显著提升。目前，包装工业已位列我国38个主要工业门类的第14位，成为中国制造体系的重要组成部分。外包装广告产业的动力源泉来自诸多利好，一是5G赋能带给人工智能技术与包装行业的巨大变化，赋予了包装广告产业业务拓展的无限能量，直接或间接成就了新一代最先进的现代科技与包装业务混合成长的智能包装广告产业；二是最近几年中国政府对绿色环保包装的高度重视，为整个包装行业转轨转型创造了巨大商机，是我国智能包装广告产业借势发展做强做大的有利契机；三是中国特色社会主义进入了新时代，我国社会主要矛盾已经转化为人民日益增长的美好生活需要和不平衡不充分的发展之间的矛盾，要求各行业各领域在继续推动发展的基础上大力提升发展质量和效益，这就从国计民生方面鞭策着智能包装广告的潜滋暗长。

综合包装全体系的三大类别及五大子行业分布，智能包装广告产业大致可以分为外包装广告产业、内包装广告产业、会展包装广告产业、空间包装广告产业和想象包装广告产业五个方面。

一、外包装广告产业

根据两部委在2016年12月19日印发的《关于加快我国包装产业转型发展的指导意见》（以下简称《指导意见》），我国新时代包装产业发展规模与务求配套服务需求相适应。到2020年，我国包装行业要形成15家以上年产值超过50亿元的企业或集团，上市公司和高新技术企业大幅增加。积极培育包装产业特色突出的新型工业化产业示范基地，这其中就可以加大智能包装广告的产业布局。《指导意见》鼓励自主创新，着力推动集成创新、协同创新和创新成果产业化，部分包装材料达到国际先进水平，人工智能技术可望在包装广告业务陆陆续续加以推进，逐步形成体系完善、创新引领、高端聚集、高效增长的智能包装广告发展态势。

（一）外包装广告最容易与人工智能技术发生“化学反应”，这一反应促成一目了然的智能包装广告，纲举目张打开内包装广告产业市场、会展包装广告产业市场、空间包装广告产业市场，并且将想象包装广告产业市场推向新高度。在这样强势的技术支撑背景下，我国包装行业、广告行业大可加大技术创新力度，将人工智能技术贯穿到包装行业、包装广告行业的各个链环，特别是增加外包装广告的人工智能技术含量，通过智能创意设计、智能广告客户信息反馈以及整个市场动态，精准化、个性化、自动化安排外包装广告投放，以达到事半功倍的广告营销效果。

（二）智能包装广告更能够体现绿色包装、节能包装理念，把包装产业业务扩张与国家政策引领高度融合在一起，可以得到各级政府的高度重视与政策支持，可以得到爱好环保追求绿水青山国民的广泛共鸣和拥戴，从而吸引更多的广告客户。鉴此，我国包装行业、广告行业当借势而上，将国家政策红利、创新、创业环境红利转化为智能包装广告产业实打实的产业红利。顺应各级各地政府积极引导包装企业、广告企业走多元化、智能化、标准化创新转型方向，将政府部门、科技部门支持设立的绿色包装产业专项创新资金转化为创业创新动能动力，建设智能包装广告科研项目联合攻关创新团队，逐渐形成各级政府、各级职能部门、行业管理机构与包装企业联合行动的智能包装广告创新人才培养工程。

（三）智能包装广告勇立广告产业创新前沿，开一代包装行业广告新风，将智能包装与时尚元素先锋精神融为一体，逐渐树立起智能包装广告的时尚前沿品牌形象，为我国广告行业、包装行业开启了崭新的产业市场天地。在“外包装广告产业链管理”理念中，时刻秉持统一高效的时尚先锋精髓，逐渐建立起新时尚服务标志的包装广告产业体系，在原有包装产业、包装广告产业产生一石激起千层浪的强烈冲击。在时尚先锋导航下的智能包装广告产业强化“绿色 + 时尚”“循环 + 先锋”的可持续发展理念，通过产业的宏观调控来提高包装产业全要素生产率，从包装生产的源头上持续降低能耗与环境污染，在包装广告订单信息处理、包装广告仓储运输、包装广告加工制造、包装广告配送等环节实现节能减排的目标，构建可替代、无污染、成本低廉的包装广告原材料循环发展体系。①

二、内包装广告产业

内包装广告产业受益于外包装广告产业的智能化升级，在包装器型、器物的材料上进行大刀阔斧的改革，将人类脑智能的奇思妙想与智能机器人的广泛阅读精密计算融会贯通于内包装广告创意设计之中，不仅壮大了传统概念中内包装广告产业的产品阵营声势，而且达到了内包装材料物尽其用、内包装广告无所不能、内包装广告产业无处不在的包装广告产业新高度。

（一）人工智能技术实现了传统内包装广告敢想而不敢为或敢想而不能为的美好蓝图构想，打通了远古到现代、东方与西方、古朴与时尚的边界，将大千世界无巧不成书的所有广告技艺、广告文化、广告艺术都最大限度展现在内包装器型器具上，使得内包装器具远观精美绝伦叹为观止，近玩妙趣横生爱不释手，使用起来得心应手，而内包装广告的“远观产业”“近玩产业”和“使用产业”叠合为智能内包装广告产业的盛世伟业。

（二）人工智能技术突破了内包装广告材料的创意设计局限，将五彩缤纷刷染到各种各类内包装广告材料上，将镂空、雕塑、印染、刷涂、喷绘等现代工艺在包装广告材料上尽可能渲染到极致。

① 参见王润球、李元初、彭金平：《关于推进我国包装产业绿色化的思考》，《商业时代》2012 年第 36 期。

传统广告创意设计工艺与现代人工智能技术的瞬间碰撞，激发出内包装广告产业的崭新天地，奢豪的西洋水晶洋酒瓶喷刷上中国传统戏剧脸谱在春节期间赢得市场满堂彩，中国五谷丰登的“五粮”元素化身为“五彩鸡尾酒”陶制系列酒壶炸开了欧美国家尘封百年的高度白酒市场，镂空广告技法与各种内包装材料的结合，镂空、雕塑、印染、刷涂、喷绘等包装工艺交织缠绕，在人工智能技术的“点拨”下，刚刚打开一片缤纷绚烂的广告产业伊甸园。

（三）人工智能技术扩大了内包装广告产业的属地范围，壮大了内包装广告产业的产业规模，矗立起属于内包装领地独有的广告产业品牌气质。通常概念中的内包装，长期以来就淹没在外包装广告的亮丽辉煌之中，即使是像路易十三人头马等形象鲜明的内包装酒具，外面还套着LOGO鲜亮色彩醒目的一层层外包装广告，有招摇过市吸引眼球的手提袋，有过目难忘鲜红喜庆的特质特型镶嵌式硬壳，配之以星光熠熠的水晶瓶盖。人工智能时代的内包装广告则应该建立起外包装广告产业与内包装广告产业的连接纽带，形成内外一体的智能包装广告产业联动，唤醒内包装广告产业的本我动能和应有的产业张力，开掘出中国特色智能内包装广告产业新华章。

三、空间包装广告产业

所谓空间包装广告产业，就是在充分展示人脑想象力的基础上，对大到广袤旷野、浩渺江海、无垠天宇等看似虚无缥缈无边无际的空间场域，小到舞台剧音乐剧舞台、公交地铁线路、高铁沿途、民航航线等看似明确现实，实则飘忽无踪的虚拟空域，通过有机植入人工智能技术、超级计算机技术、北斗导航技术、物联网车联网人联网等现代科技，形成一幅或波澜壮阔或巧夺天工或绚烂华彩的殊丽光影场景，既可以多层次全立体进行产品广告宣传，也可以创造出新的旅游景观形象宣传片，塑造出智慧城市、人文城市、历史城市等地域特色品牌，激荡出一幅幅瑰丽多姿、机警灵动的广告演示画卷，铸造出一种无中生有、移花接木天外来客一般的高科技应用包装广告产业，包括电影、电视剧、舞台剧、音乐剧场景广告产业，地铁隧道广告产业，城市天空无人机灯光秀广告产业和民航航线高清“扫码”广告产业，等等。

（一）电影、电视剧、舞台剧、音乐剧场景广告产业，是在5G赋能演绎下虚幻生成的超强现实感场景广告，营造出最年轻最具生机活力的时空交融、视听结合、声像同体的综合性艺术广告样态，是一株盛开在百花争艳包装广告艺术产业大观园中蔚为壮观的艺术新枝。现代视听技术虚拟现实技术等的进步变迁，是电影、电视剧、舞台剧、音乐剧场景广告产业发展创新的物质基础，强有力地推动着包装广告艺术形式形态、画面场景、色彩光影、舞台艺术和舞台场景产业等的革新升级，并使之焕发出无与伦比的创新活力。在5G赋能、AI助力以及VR、AR、智能无人机等创新技术的多维支撑下，电影、电视剧、舞台剧、音乐剧场景广告的吸引力、表现力、影响力、创新力都获得了前所未有的提升与增强，实现了梦幻与现实、真实与虚拟、技术性与艺术性的勾连融合、交织渗透。

随着 HDR、AI、AR、VR、真 4K 等技术的成功应用，受众的现场体验感、激情感、场地纵深感、壮阔感都直线上升。

（二）地铁隧道广告。地铁隧道是一个相对封闭的空间，也是一个颇具想象力的广告场域。在超级大城市的主要地铁里，迷彩炫酷的特效灯光广告与行驶中的地铁如影随形，简洁大气，时尚动感，前沿主题，先锋元素，成为都市里沉闷上下班时间的绚烂光景，在高端都市人群受众中很快占据了一席之地，地铁隧道广告产业前景可期可待。地铁隧道广告产业不占据固定的广告宣传场地，眼前一亮的梦幻般广告场景逼真又迷幻，虚拟连着现实，放松了上班一族单调沉郁固有老套旅程的压抑心情，无形中增强了空间包装广告打动内心的情感共鸣，广告效果超越了预期构想。在广告纷繁芜杂铺天盖地、眼花缭乱的信息爆炸时代，地铁车窗外鲜活的色彩和强烈的视觉冲击的地铁隧道动态广告，恰似一缕清风一扫烦闷心情，广告商品自然而然渗透人心。

（三）空间包装广告可以点亮城市星空，为城市形象增光添彩，为大型活动造势助威，为风景名胜营造智慧氛围创造新气象，形成一种让市民欢欣鼓舞拍手称快让游客乐不思蜀、流连忘返的广告意境。空间包装广告主要是利用智能无人飞机在想象中的城市空间升空遨游，在灯光声画烟幕等映衬下，变换组合成应情应景的别致造型文字、别致造型图案、别致造型产品、别致造型风情胜地以及别致造型城市。中国传统七夕佳节即将到来的 2018 年 8 月 10 日，湖南省长沙市橘子洲头如期上演的一场盛况空前的无人机灯光秀，既实现了湖南卫视《2018 快乐中国 · 爱情歌会》七夕别样芳华节目的神秘环节，也为北京高巨传媒、长沙橘子洲头风景区、传统七夕节以及长沙市城市印象等精心乔装出让人目瞪口呆的宣传广告。两年后的无人机天幕光影秀，则展示了湖南圣爵菲斯大酒店璇宫的别样风情，宣示了湖南电广亿航致力于全球首创的“空域造景媒体”和“天空数字营销”独创气质，展现了长沙市作为“媒体艺术之都”的历史文化内涵。

四、会展包装广告产业

会展包装广告产业指的是在人工智能技术赋能牵引下，展览馆展览中心包装广告市场的集合体，既包括了每一个展位、每一个展馆的广告市场，也涵盖了整个展览馆博览会展览中心的全景全貌形象广告市场，有时候还会辐射到整座展会博览会城市、会议论坛主办城市的品牌形象市场营销，这类新型广告还远远没有形成应有的市场地位，也远远没有形成产业规模，在此先蜻蜓点水飞掠而过。

第五节　产业特点

智能包装广告产业涉及的细微门类繁多，包装材料的遴选开发就足够费尽周章，包装机械加工也是重重叠叠，一件包装物品需要无数道加工工序。看似平常到达消费者手上的包装成品，作为商品附属品往往容易让人忽略其中的技术含量。实际上，每一个包装每一件包装产品的成型过程，都是一个多学科协同、工匠协同、工序协同的一丝不苟的过程。

智能包装广告是知识密集型、技术密集型行业，牵涉市场监管总局、工业和信息化部、国家广电总局、文化和旅游部等多个政府部门，涉及包装材料学、计算机、电信通信、经济管理、广告学、传播学等多个交叉融合学科，蕴含着万亿级的产业规模，影响到数以千万计的产业工人，是一个门槛虽低但天花板效应很高的特种行业。智能包装广告产业较其他类别的产业具有鲜明的特点，表现在规模庞大、门类丰富、多模多态、交叉性强和格局分化等方面。

一、规模庞大

智能包装广告产业规模之庞大，一是产业工人队伍阵容庞大，2018 年中国包装行业从业人员数量达到 4260.49 万人，广告从业人员为 558.2 万人，这些都是智能包装广告产业的潜在从业人员，如果加上人工智能技术人员及物联网车联网等相关人员，智能包装广告产业的从业人员肯定超过 5000 万人；二是智能包装广告年产值规模庞大，是前途无量的朝阳产业。

近年来，包装行业的快速发展带动了包装广告产业日月精进，产业规模日益扩大。我国电子商务的飞速发展，进一步带动了包装容器需求的爆炸式增长。2016 年我国包装工业总产值超过 1.7 万亿元人民币，继续巩固了世界第二包装大国的地位，包装已经成为我国国民经济重要的支柱产业，这还不包括与商品关联而产生的包装隐形价值。2018 年，中国智能包装市场规模达到 1600 亿元，预测到 2022 年中国智能包装市场规模将达到近 2000 亿元。鉴于目前包装广告产业没有专属目录清单，自然就没有能够列入统计数据之中，需要仁人志士共同努力，从包装行业和广告行业双向齐心协力，争取到国家有关管理部门对新兴事物的高度重视，尽早单列出“包装广告”“智能包装广告”产业统计数据名录，为科学决策、科学研究提供翔实材料。

智能包装广告影响到新生代消费者，进一步扩大了智能包装广告的应用人群。智能药品包装广告、智能食品包装广告、智能日用品包装广告等，有助于消费者理解商品进而更好地使用商品存储保管商品。为了确保食品和电子产品的安全，很多包装制造商都在产品包装上使用了时间和温度功能。一些专用的包装传感器还能在处理薄膜和标签时，检测到产品是否已处于不安全的环境温度下。智能药品包装具有智能化吸附剂，去除接触的氧气，吸收掉水分，可在很大程度上保证药品的良好状态与质量。包装上的智能芯片或者特殊装置，能及时地提醒患者服药，科学的控制药量，强有力地配合了患者的治疗，“广而告之”的意义通晓畅达。美国药品智能泡罩包装，是一种经电子加强的智能泡罩包装，可以帮助病人遵守临床使用的要求，是一种可以和人进行交互的包装。丹麦公司推出的能够帮助患者准时吃药的新包装外形酷似电话，不仅能够存储药片，还能够发送信息到患者的电脑和手机上，提醒患者准时吃药，“智能 + 包装 + 广告”合成一体尽显其能。

二、门类丰富

智能包装广告产业链纵深延展广阔，涉及的行业门类众多。包装工业是一个大行业，也是一个庞杂的大产业，其上下游产业链纵深广阔幅宽延展力强，包含了多个小的行业门类及微小行业门类，且互为咬合着的上下游产业链环，每一个类别的智能包装上下游产业链环各不相同。有时候会出现为了同一件智能包装广告产品，盘踞着上百家上下游企业为之“增光添色”。以烟草包装为例，其制作工序非常烦琐，就纸包装成型环节而言已涉及许多行业，需要研制自动化纸包装黏合设备、开发专用黏合剂、制备外包双向拉伸聚丙烯膜以及研发防伪技术，香烟纸包装成型后，还需要进行多条烟的整体包裹和堆码。由此可以推断，每一种包装产品的开发，均涉及多个产业和门类。智能包装广告行业目前没有通吃的巨头，各家上下游企业都有独门绝活，在很窄的最熟悉的方向做很细微的产品，在风云变幻的市场纷争中能够活下来的公司都具有很强的竞争力。

饮料包装广告的智能化推进成效显著，酒类饮品的自动报警型包装不仅智能化程度高，而且广告效应突出。其原理是将报警系统内置在酒品包装装置的底端，通过感应压强的变化来驱动报警。装置内的酒品发生改变出现胀袋时，使得装置所受压强大于设定的最大压强，底部的报警系统则会作出反应，告知消费者注意食品安全。这一智能化酒品包装，上下游产业链至少包括了感应设备制造商、酒瓶外壳制造商（含材料供应商）、酒品酒质检测商及酒瓶包装商等方方面面。

化妆品及护理品包装广告市场增长趋势显著，目前市场上已有化妆品品牌将智能包装运用到产品当中，其防晒护肤产品的包装盒可以测试紫外线的强度，根据紫外线强度，指示消费者选用防晒程度不同的护肤品，有效减少紫外线对消费者肌肤的伤害程度。服装和零售行业正大步迈向智能化包装的康庄大道，通常 RFID 标签用于库存管理、供应链监控或预防货物丢损，例如迪卡侬、优衣库等在内的服装类企业已经应用了 RFID 标签，在整个服装的流转中起到了很好的防串货功能。RFID 标签发展到今天，还发掘出化妆品市场和新鲜食品行业的潜力。在这两大行业中，RFID 标签可以与消费者交流并告知其食品是否新鲜，而饮料公司则可以利用 NFC 标签与消费者互动。

由此可见，广告主通过智能包装将用户与品牌产品做直接的联系，提升品牌产品用户黏度。除了实现以用户体验为中心的新型广告媒体盈利模式，智能包装上的应用也提供新闻增值服务中新的一块界面渠道，进一步聚合电子商务与社交媒体，提升媒体投放质量并扩大广告曝光度与效益，让行销人员更容易分析，锁定目标客户群。智能包装广告所产生的实体空间产品使用数据，也将会加速定位广告、个人化以及单位化广告的发展，继而掀起另一波以消费者为中心的智能包装广告产业革命。

三、多模多态

智能包装广告产业链的多模多态体现在整个产业链上下游多种

组合多重交叉的多种产业模式，包括智能包装广告网络产业、智能包装广告制造产业、智能包装广告创意设计产业、智能包装广告场景产业，等等。

智能包装广告保护消费者权益与人身安全，保护消费市场正常秩序，方便商务电子化实际运作，有利于开发新颖的产品消费形式，具有极广阔的市场发展前景。智能包装按工作原理可分为功能材料型智能包装、功能结构型智能包装及信息型智能包装三种主要类型，具体体现为利用新型的包装材料、结构与形式对商品的质量和流通安全性进行积极干预与保障，利用信息收集、管理、控制与处理技术完成对运输包装系统的优化管理等。

（一）功能材料型智能包装。功能材料型智能包装技术指的是采用新研发的特殊针对性材料包装商品，来增强相应的性能指标，目前一般选用能够“感应”周围环境的温度、湿度、光照强度、气体类型、商品所受压力强度、密封情况等特点的材料作为研制材料型智能包装的基础材料。英国某大学研发出的食品智能塑料袋，该包装能够自动检查塑料袋中食品的新鲜程度，变质时会显示相关信息；美国某家造纸公司将著名的以色列能量纸公司研发的一种非定态柔软电池印刷在包装上，基于该超薄柔软电池能够像油墨一样被印制在物体上的独特功能，可增强货架搭架效果，附着特制的灯光、音效，可以大大刺激客户的消费欲望。新型智能包装极大地优化了使用效果，给用户带来更人性化、智能化的体验，但新型材料的研发和制作需要投入大量的时间和资金，因此，此类科研计划的周期较长、消耗较大，很多中小企业难以承担起创新风险。

（二）功能结构型智能包装。为了提高产品包装的可靠性、运输安全性以及自动化性能，功能结构型智能包装从物理构造方面进行创新，相比于功能材料型包装多运用生物化学等原理，功能结构型则多运用物理学原理，通过设计新式物理结构使其具备特定功能，从而增强产品的简便性和安全性。通过智能化修改包装结构、增强包装的智能功效，来达到自动报警、自动加热、自动冷却的功效。自动加热型是用压铸成型方法制成的一种复合层次、密封性极好的包装装置，它利用简单的化学原理(消费者取下装置上的箔片，用手在装置底面挤压时，装置中的 H_2O 和 $CaCO_3$ 发生化学反应，释放热能）来进行加热，如日本生产的自加热清酒罐。自动冷却型包装的层次比加热型要少，生产商将干燥剂、冷却器、蒸发槽置于包装内部，在底部储藏冷凝反应中产生气态水和液珠，该方法可在短时间内大幅度降低物体温度。

（三）信息型智能包装。作为发展前景最好的智能包装类型，信息型智能包装以电子科学技术和信息技术为基础，同时涉及物理、生物等多门学科。该类型包装不改变传统包装的结构和内在材料，它大多工作于包装表面，利用通信技术处理商品所展现的所有信息，并用合理的方式传达给消费者，完成整个管理过程，如在存储、运送、售卖过程中，显示商品品质的变化。该类型包装技术主要分两类，即体现商品质量型和反映商品生产、运输、售卖数据信息型，最基本的技术为条形码、RFID 技术、TTI 标签技术。信息型智能包装巧妙地将动力学、微生物学、化学等在对商品的监测环节中加以应用，准确反馈商品的环境信息及自身质量变化。在商品运输过程中可用动力学原理计算在物流过程中发生的倾倒、碰撞，生物及化学知识用于采集由于环境的变化导致包装内置物品变质的信息。如使用于贵重物品的记录物理信息的容器，在物流运送中，若没有损耗货物的物理行为，装置中两种隔离的粉末不会发生反应，否则两种粉末会发生反应并产生其他颜色的粉末，消费者可根据粉末的颜色来决定是否收货；装水的杯子外贴有薄片型温度传感器和一层可以显示温度的电子 LED 纸，可即时反映水温，该类型商品尤其适合婴儿奶瓶、洗鼻器等需要准确了解温度的容器。

四、格局分化

我国智能包装广告产业格局分化，一方面指的是长三角地区、珠三角地区、环渤海湾地区的产业集群地位显著，中西部地区特别是偏远落后地区的包装广告产业明显落后；另一方面则是指智能包装广告产业的“软硬分明”，即包装机械、包装材料等包装硬件逐渐与世界先进国家同步，而包装创意、包装设计、包装文化、包装艺术等包装软件相对落后较多，任重道远。

近年来，我国包装广告产业体量大幅提高了，逐渐发展成为我国国民经济的重要产业。与此同时，包装的概念内涵外延也随时代的进步而变化，已经从最早时候为了保护产品、方便储运、促进销售的传统功能发展到品牌识别，再到更深层次的集产品信息化、用户体验于一体的“商品外的商品”，在商品销售和品牌建设中发挥着越来越重要的作用。随着社会的发展，消费者对包装的功能性要求越来越高，包装已不仅仅是商品的附属物，而是独立的、能够产生一定价值的商品。在我国材料科学、现代控制技术、计算机技术与人工智能等相关技术进步带动下，智能包装、智能包装广告迅速发展。据前瞻产业研究院发布的《中国智能包装行业发展前景预测与投资战略规划分析报告》统计数据显示，2010 年至今，中国智能包装行业市场规模不断攀升。2010 年中国智能包装行业市场规模已达 713 亿元。2013 年中国智能包装行业市场规模首次突破千亿元。截至 2017 年，中国智能包装行业市场规模为 1488 亿元，同比增长 8.99%。

中国智能包装行业市场前景广阔，进而吸引了许多投资者的进入。尤其是对于传统包装印刷企业而言，在 2015 年，受全国包装印刷行业下游需求出现疲弱影响，多数包装印刷企业产销量增速明显放缓，部分企业开始主动选择向智能包装领域转型，并进行技术升级，其中就包括了美盈森、劲嘉股份、贵联控股、裕同科技等龙头企业。例如，早在 2015 年年底，劲嘉股份在其五年（2016—2020 年）发展战略规划中就明确提出：公司将大力推进“互联网 +”、RFID 传感技术、物联网、大数据等技术在包装产品领域的深度应用，力争实现 RFID 等技术在大包装领域的广泛应用，促进包装产品智能升级。

2018 年以来，我国各大公司智能包装领域的业务布局持续、稳步推进。2019 年 8 月，《印刷经理人》杂志正式发布了“2019 中国印刷包装企业 100 强排行榜”完整榜单，厦门合兴包装印刷股份有限公司位居榜首，是产品销售收入超 100 亿元的唯一一家企业

(112.14 亿元)。其他排名 2—10 位的企业分别是深圳市裕同包装科技股份有限公司、顶正印刷包材有限公司、深圳劲嘉集团股份有限公司、上海紫江企业集团股份有限公司、汕头东风印刷股份有限公司、美盈森集团股份有限公司、鹤山雅图仕印刷有限公司、四川省宜宾普什集团 3D 有限公司和四川省宜宾丽彩集团有限公司。

（一）区域包装产业格局不变。以长江三角洲、珠江三角洲、环渤海湾为重点区域的包装广告产业格局在相当一个时期内将不会改变，仍将与区域经济同步发展。随着西部地区的大开发和东北老工业基地的振兴，包装广告工业发展整体不平衡的状况将会有明显的改变。从包装广告工业的地区结构上看，地区之间发展参差不齐。所占比重大的是华东地区，其包装广告工业总产值占全国包装广告工业总产值的 55.79%，全国包装广告工业总产值前六位的省市中，华东地区占四席。可以看出，我国包装广告产业中心已完成了从珠三角向长三角的历史性转移。长三角地区具有得天独厚的区位优势，是中国历史上经济繁荣的地区之一，是中国经济发达，文化昌盛，人口、产业、城市、财富密集的精粹之地。特别是进入 21 世纪以来，长三角区域经济的发展异常迅猛，强劲地带动了整个区域包装产业的大发展。包装广告产业的发展是反映一个国家，特别是反映区域经济发展水平的重要标志，包装广告产业发展须与经济发展和人民生活水平提高的需求相适应，在区域经济中包装产业的发展速度也相对会更快一些，成为区域经济的一个重要产业。

（二）包装广告产业软硬件发展不平衡不协调。信息化时代智能包装广告产业面临突破性困局，关键取决于包装企业的科技创新能力和水平的提升，重点是包装新材料的研发和大型包装机械的成套开发制造以及绿色包装的广泛推广应用，包装广告市场升级、创品牌、实施差异发展、提高企业的盈利能力等方面将成为全行业在今后一个时期发展的方向。

随着《推进快递业绿色包装工作的实施方案》出台，电商、快递、外卖等行业率先限制一系列不可降解塑料包装使用的相关实施方案，并且督促地方特别是城市加大落实的力度，给智能包装广告产业提出了新的课题。中国包装行业如何在贯彻绿色理念的同时，落实好“十三五”规划中“坚决反对过度包装”的总体要求以及包装产业转型发展指导意见中实现“传统生产向绿色生产转变”的具体目标，进一步借能借势扩大包装广告产业地盘、壮大产业规模，成为整个行业的当务之急。“绿色、低碳、节能、环保”既是我国智能包装广告产业的主旋律，是当下和未来包装行业发展的主轴，也是产业转型升级的宗旨要义所在。

我国智能包装广告产业的“软件”太软，一方面是包装广告企业规模小，产品技术含量低且无力单独承担技术攻关。国内的大部分包装企业属于中小企业，技术含量不足，主要高档包装设备和原材料严重依赖进口，高水平研发人员少，技术研发经费投入严重不足，创新能力差，往往无法独立或小联合解决生产中的技术瓶颈，更无法进行技术创新。另一方面是产业集中度低，信息渠道不通畅。产业集聚和产业集中度是区域产业竞争力的重要体现，若区域产业高度集聚，产业集中度高，形成完整的服务和产业链，即能大幅提升产业综合竞争力。然而，我国的包装广告企业往往紧跟制造业，分布零散，集中聚合度低，至今没有形成具有一定规模的专业包装广告工业园，导致信息渠道不通畅，在一定程度上制约了包装广告工业的发展。

我国智能包装广告产业的“软件”太软，还表现在公共服务平台少，无法满足包装产业各层面的需要。我国包装行业受到本身特点的限制，目前国内虽然拥有一些针对小门类的数据库、服务和研发平台，也在单一的包装类别上有了一站式服务的企业和机构，但是仍然缺少提供全方位服务的包装专业平台，也没有真正意义上的相对完备的包装专业数据库。因此，包装广告企业有了问题不知道找谁，不知道哪些资源可以利用，甚至不知道问题出在哪里。这既耗费了资源，也无法快速解决问题，严重制约了包装广告企业和行业的发展。综上，包装行业具有多学科交叉、宽口径融合、涉及海量行业企业的特性，但存在单体体量小、技术能力匮乏、信息渠道不通畅的问题以及对信息通畅、产业融合的巨大需求。基于此，构建一个行业内的大数据知识图谱，使其囊括包装行业的主要信息，并发挥知识图谱简单、实用、可视化的优势，为包装行业服务无疑是非常有意义的。①

（三）中国包装行业、包装广告行业智能化水平亟待提高，智能化商业运作亟待深化。我国制造企业普遍存在与包装相关的诉求但对接成为难题，其根本原因就是没有好好运用大数据技术、人工智能技术、物联网技术。

---

① 罗学明、陈一：《我国包装产业大数据知识图谱的构建》，《包装学报》2018 年第 4 期。

2019 年 5 月，Xaxis 与 IAB Europe 联合发布了“人工智能——网络广告世界的神话与现实”，强调了人工智能是如何成为所有利益相关者的一个有价值的工具，详尽的调研数据带来具体的业务成果为我国智能包装广告产业发展提供了可资借鉴的宝贵资料。80% 的受访者认为人工智能是下一个工业革命，人工智能改善了生产力、加速创新和促进了产业增长。80% 的广告代理商表示他们在了解人工智能方面非常自信，人工智能被认为能够促进目标受众和网络广告的针对性，在正确的地点和正确的时间向正确的人提供广告，61% 的广告代理商、43% 的出版商和 53% 的中介机构都提到了更好的定向。此外，30% 的广告客户、55% 的广告代理商、40% 的出版商和 42% 的中介都提到了人工智能技术有助于更好地识别合格的用户和受众，其中 53% 的广告代理商认为人工智能能更快地交付更深入的营销分析，认为人工智能在改变网络广告行业方面有很大潜力。

近日有媒体报道，随着人类肆意使用塑料袋造成的环境影响，美国、德国、英国等国家已开始盛行“无包装”超市，消费者需自备购物袋或现场购买、租赁可循环利用的容器或环保袋。据了解，在全球范围内的“无包装”超市，均以“绿色环保、抵制塑料”为主旨，大力推行可降解包装使用或无包装服务，严禁店内使用一次性塑料袋，消费者需自行携带装纳食品、干粮、饮料的可循环包装袋或玻璃器皿。面对全球“无包装”超市的兴起，中国智能包装广告应该做出什么样的反应，以直面更多行业“无包装”的市场冲击呢？

第七章
智能包装广告管理

5G 赋能成就了物联网时代的到来，商品包装的形态与技术始终在不断迭代，包装的功能也从原初的保护商品、方便运输与促进销售向多功能、信息化的方向发展，多领域技术参与下的智能包装广告时代已经悄然到来。

智能包装指的是在一个包装器型器物、一个包装产品或产品包装组合中，植入人工智能技术芯片，通过智能集成化元件组合把符合特定要求的职能成分赋予产品包装的功能中，并且体现于产品存储展示运输营销收藏传承等各种使用用途之中。随着信息技术的进步，印刷电子与智能包装联合体顾问委员会将之定义为，通过创新思维，在包装中加入了更多机械、电气、电子和化学性能等的新技术，使其既具有通用的包装功能，又具有一些特殊的性能，以满足商品的特殊要求和特殊的环境条件。智能包装广告是智能包装技术和广告业耦合的产物，属于智能广告的范畴。智能广告主要是研究人机交互过程中广告信息的智能化传播以及与消费者的深度沟通。从传播学意义上来讲，智能广告是关于广告主及其产品或服务与消费者之间通过智能网络进行的信息高效化、合理化沟通的问题。[1]

智能包装广告的组织计划、协调监督、激励控制等管理手段的实施，首先要通过广泛深入调查研究，充分关切智能包装广告的技术环境、广告环境和包装广告环境，在科学认知的基础上做好智能包装广告可持续发展的顶层设计，明确好人工智能在包装领域、包装广告领域的时代地位，确立包装广告/智能包装广告在包装行业和广告行业的组织管理位置及行业品牌形象，充分关切智能包装广告的技术环境、广告环境和包装广告环境。

第一节 顶层设计

智能包装广告顶层设计的首要任务，是明确人工智能的时代地位，正确把握历史机遇应时应势发展壮大包装广告/智能包装广告，将智能包装广告产业融入国家人工智能发展战略宏伟蓝图之中，置于与人工智能发展战略同样重要的战略位置，高度统筹各方力量，加强相关研究，以全社会美好生活为终极目标，加大行业创新发展力度，将人工智能技术作为新一轮包装广告/智能包装广告的科技革命和产业变革的重要驱动力，发挥好人工智能在广告界包装界的“头雁”效应。为此，各级政府应该建设和完善人工智能科普基础设施，面向公众开放人工智能研发平台、生产设施或展示服

① 参见易龙：《论智能广告研究的价值及其框架的构建》，《新闻界》2009年第5期。

务。在公共政策层面，人工智能研发和应用的政策应该将人置于核心，满足人全面发展的需求，促进社会的公平和可持续发展；政府需要设立专项资金，支持大学、研究机构开展人工智能前沿科技理论与实践研究；政府还需要给予不同民众以学习了解人工智能的机会，推动全社会对人工智能的知识普及和公共政策讨论，优先鼓励人工智能应用于解决社会领域的突出问题，包括智能广告、智能包装、智能包装广告等新出现的问题。

目前，包装广告 / 智能包装广告属于广告行业和包装行业在时代跃进过程中的新生业态，很多时候处于行业位置不明确、不清晰的状况，不利于健康有序发展。按照《国家工商行政管理总局关于商品包装物广告监管有关问题的通知》（工商广字〔2005〕第 173 号）第一条规定："商品包装中，除该类商品国家标准要求必须标注的事项以外的文字、图形、画面等，符合商业广告特征的，可以适用《广告法》规定进行规范和监管。"《印刷品广告管理办法》第二十一条规定："票据、包装、装潢以及产品说明书等含有广告内容的，有关内容按照本办法管理。"由此可见，商品包装物广告是指在包装物上除国家标准要求必须标注的事项以外的文字、图形、画面等，用来直接或者间接宣传、介绍产品的一种广告形式，应该由国家工商行政管理总局（现在的国家市场监管总局）行使监管责任。鉴于包装广告 / 智能包装广告现阶段实际上大量发生在包装行业而非广告行业，工业和信息化部责无旁贷应该配合国家市场监管总局做好行业行政管理的顶层设计工作。

一、确立行业位置属性

智能包装广告的顶层设计，首先应确立好其作为一个新生代产业业态的社会品牌形象，明确其在广告行业和包装行业的行业位置，以利于在清晰归口单位下开展工作接受监督管理。

（一）明确包装广告 / 智能包装广告的行业位置，从广告行业和包装行业双向进入双重发力制定出既符合广告发展规律又契合包装行业特点的包装广告 / 智能包装广告行业标准，为下阶段出台具有针对性意义的包装广告 / 智能包装广告政策法规做好前期准备。其一要在国家市场监管总局广告监督管理司设立包装广告处室，安排专职部门专业人选，专门协调监督管理包装广告 / 智能包装广告，从人工智能新技术带动的新产品新产业到智能包装广告从业人员，都要进行专业化引导、专业化管理、专业化调控；其二是要进行智能包装广告的独立考评机制，对新技术带来的产业变化、行业动态展开统计分析，以科学数据作为监督市场、指导市场、做大做强市场的重要依据；其三是要与工业和信息化部携手合作，深度挖掘包装行业的广告价值，充分发挥出包装广告的应有智能并发扬光大，以利于开启中国特色智能包装广告产业快速发展之路。

（二）鉴于包装广告 / 智能包装广告的“广告”属性，国家市场监管总局等广告行政主管单位，应该协调全国各级广告协会在广告界展开广泛调研，先行开启包装广告 / 智能包装广告的发展现状摸底工作，探讨下一阶段相关业务推进的必要性、计划性与可行性。国家市场监管总局作为牵头单位，在广告行业政策法规修改制定时，考虑适时增加“包装广告 / 智能包装广告”进入广告目录，实时掌握行业发展动态年度增长情况等，以凸显包装广告 / 智能包装广告的行业位置和应有社会地位，也有利于对这一新生态广告业务的监督管理。

（三）工业和信息化部应该审时度势果敢决策，针对下属管理机构包装行业的全新业态，及时出台有助于包装行业在广告领域奋发有为的政策法规，为产业新兴势力助威打气，通过各种途径各种机会宣传智能包装广告的特殊意义和行业前景，加强各司局级部门与智能包装广告之间的密切协作，特别是人工智能技术在包装行业的应用推广，强化包装行业的广告智能、广告产业智能，促进包装行业的职能转型、技术转型、产业转型，从新技术、新动能、新产品、新产业视角对智能包装广告加以关注和引导，大力挖掘包装行业的广告潜力，逐渐培育出包装行业异军突起的广告新军、广告产业新军。

二、提高公民智能素养

提高人工智能相关领域人员的基本素养，是当下智能包装广告品牌建设和产业扩张的基础，而科研人员的作为担当，则是智能包装广告产业发展壮大的中流砥柱。因此，全社会应该鼓励广大的科技工作者开展形式多样的人工智能与包装广告结合的科学普及与产业推广活动，使全社会对智能包装广告有科学的认知，提高普通民众的认知素养，引导人们了解人工智能，理性发展人工智能技术，构建算法治理的内外部约束机制，将人类社会的法律道德等规范和价值取向嵌入 AI 系统，进而提高广大群众对智能包装广告的认知素养。唯有提升广大民众的智能传播、智能广告、智能包装广告的认知素养，才能使人工智能在包装行业和广告行业更好地为人类服务，才能让智能包装广告得以正常有序持续发展。

智能包装广告作为以材料科学、现代控制技术、人工智能、传播学、广告学、市场营销学、管理学等多元知识为基础的新兴技术分支，可以应用于食品、饮料、生活用品、电子产品等几乎所有产品领域，除了承担着广告宣传品牌创建等的职能，在保护消费者权益、维护市场秩序、促进电子商务、带动新的产品消费等方面也具有重要的作用。智能包装广告的意义已经不再仅仅意味着简简单单的广而告之，它还代表着新的消费形式，例如，从带给用户娱乐体验的方面来讲，它可以作为游戏，向人们传递信息的同时也充当着媒介的娱乐功能。对于这样一种具备复杂功能的广告，加强公众信息素养至关重要。一方面，应当培养公众面对新的信息环境的应对能力，让其能够正确而充分地享用到智能技术的能力。另一方面，还应培养公众对智能信息环境的选择和批判能力。虽然智能包装广告为人们的生活带来了体贴而周到的服务，但同时也存在着诸如过度消费或是内容游戏化对青少年带来不良影响等负面作用。因此，应当提升公众智能媒介素养，增强个人主体意识，既提高个人智能信息的保护能力，同时也学会运用法律武器来保障自己的合法权利。当全社会智能媒介素养平均水平得以提升后，一些智能包装广告失范现象也能被轻易察觉并加以规制，从而营造更为积极良善的广告环境。

智能包装广告要实现可持续发展，务必加强事前、事中和事后立法，借助法律手段规范人工智能的发展。加强事前立法，确保人工智能及其业务推展始终在人类智能可控范围内，然后通过事中立法，明确责任划分依据与标准，从而保证研发责任人、生产责任人、销售责任人以及使用责任人都能够切实履行自身对人工智能产品的义务，最后加强事后立法，确保人工智能技术在包装广告领域得到广泛运用，并进入人们的日常生活广告产业，具有远大发展前景。

三、加大基础设施投入

智能包装广告理论既要具有历史学的严谨精到，周密考察包装行业从原始包装、传统包装、现代包装直到智能包装各个时代发展进程中的"广告"渐变，同时运用包装学原理、广告学机理解读分析包装材料、器型器物的捆扎包绕、颜色形状的广告元素、广告特性、广告价值以及复杂变化，以美学视角、新闻传播学理论来审读剖析包装广告所蕴含的广告品牌、广告标识、产品广告用语、广告形象、广告图片、产品信息等丰富多样的广告传播要素集于一身的广告内容，兼顾到产品包装作为广告信息传播载体与其他信息传播载体的联系与区别，以管理学、市场营销学理论综合全面分析智能包装广告的叠加增值功能、免受日晒雨淋灰尘污染等自然因素侵袭的保护功能和给流通环节贮、运、调、销带来方便的便捷功能。人工智能技术贯穿于整个智能包装广告全过程，人工智能理论以及裹挟其中的大数据理论、计算机理论、电信通信理论，无一不是智能包装广告理论的重要组成部分。智能包装广告基础设施的投入，首要的即是人才储备人才培育等“软设施”的投入，是包装人广告人思维观念的转换及智能化专业业务水平整体提高。如何培育智能包装广告专业化人才，是一次前所未有的高等教育挑战。智能传播、智能广告、智能场景等人工智能技术在新闻传播领域和在现代广告领域的实践应用，已经抢先一步于相关理论研究快速运转开来，相关人才的稀缺特别是高端型复合型智能传播人才、智能广告人才的稀缺，已经越来越成为智能传播行业、智能广告行业健康有序发展的障碍。这就务必需要加强人工智能基础教育投入，在各个教育阶段特别是传播学专业、广告学专业、包装专业等设置人工智能相关课程。在国内社会企业层面，在有条件的高等院校科研院所创建智能包装广告研究院，设立专项资金专业人才团队，专心开展人工智能在广告领域、包装广告领域的智能化产业等前瞻性科技信息研究工作，为智能包装广告法律制度的建立与完善提供理论支撑。

智能包装广告另一项基础设施投入，在国际社会层面，各国政府、产业界、研究人员、民间组织和其他利益相关方展开广泛对话和持续合作，通过一套切实可行的智能领域指导原则，鼓励发展以人为本的人工智能健康有序发展。5G 技术 5G 网络为智慧赋能全面推进创造了优势条件，超级计算机、卫星导航系统及云存储等构筑成包括智能包装广告在内的各种各类产品多元产业升级的坚强技术支撑体系。中国城乡大地主要县城及发达乡镇科学分布的 60 万个 5G 基站，密集到每平方公里 100 万个的超高清感应设施，为

5G 网络“超量链接”“超快速度”“超低时延”打下了坚实基础。拥有中国知识产权的华为中兴 5G 专利数量，遥遥领先于世界其他国家和地区，这应该视为基础设施投入“软投入”和“硬投入”的合体。在此基础上，智能包装广告还应该支持开展人工智能竞赛，使社会形成良好的适应智能社会的向上风气，消除对于人工智能的恐惧心理。

第二节 广告环境

智能包装旨在通过新型技术提供更好的人机交互模式，这种宗旨恰好和广告业“以人为本，用户至上”的理念不谋而合，智能包装与人工智能叠合生长而出的智能包装广告可谓应时而造应运而生应势而兴，人工智能技术正成为包装行业广告行业创新与发展的最好利器。伦敦市场研究机构英敏特（Mintel）在其《2019 包装趋势报告》中写道：“互联式包装创造出新的市场商机，它将在线世界的精彩与互动直接呈现于消费者眼前，因而可以潜在地影响和刺激消费者购买。在家中，这样的内容还可以提升品牌参与度，增加产品使用量，在产品交互中添加体验元素。”

一、技术环境

以大数据、人工智能、传感器等为代表的信息技术革命加速了各类产业的转型升级，也推动着广告产业从人力密集型向技术密集型的新的产业经济范式的转换。[①] 在智能广告时代，传统广告所依赖的人力经验已经逐渐转变为由大数据算法所驱动，无论是上游的广告制作生产，还是下游的推广宣传和反馈，人工智能已经贯穿于每一个环节。精准化、场景化、融合化成为新技术环境下广告形态发展的主流趋向。[②] 在此背景下，智能包装广告的发展无疑为广告业实现智能化发展增添极大助力。对广告业而言，智能包装技术可以使得品牌通过二维码、近场通信（NFC）、射频识别（RFID）、蓝牙和增强现实（AR）等多种方式与包装虚拟相连，这样可以为实体和数字购物创造更好的连接，品牌商家也能够对如何展示品牌和产品拥有更好的把控，并提供形式更多元、内容更创新的品牌信息和产品解释，进而影响用户的决策。

（一）智能包装广告提高了信息传播功能。随着信息技术、材料技术的发展，智能包装广告具备了信息化、功能化、媒介化的特点，从而改变了其被动传播被动宣传的缺点，拥有了高效传播、智能互动、社交关联的能力，能够更为有效地传播信息、宣传产品、建立品牌形象。

传统的包装广告一般会在包装上印刷上产品的相关信息，包括产品成分、使用方法、保质期等，让用户能够在最短时间内了解产

① 参见曾琼、刘振：《计算技术与广告产业经济范式的重构》，《现代传播》2019年第2期。

② 参见段淳林、宋成：《创造性破坏——人工智能时代广告传播的伦理审视》，《广告大观》2019年第10期。

品。智能包装广告是一个多元学科交叉的应用领域，材料科学、微电子学、现代控制理论、计算机科学、人工智能等领域技术的融合，使得包装不再只是单纯的被动式信息传播，开始具有感知、检测、纪实、追踪、通信、逻辑等智能功能的包装，可追踪产品、感知包装环境、通信交流，从而促进决策，更好地达到实现包装功能的目的，[①] 是“沟通”和“逻辑”的结合。与传统包装材料相比，智能包装材料改变了食品包装的条件，包装内部的传感元件使得产品的温度、湿度、压力以及密封状态等参数得以识别与调控。除了食品的质量能得到保障与提升，智能包装标签的出现，食品的气味模拟、鲜度显示等功能也成为可能，借助智能化的元件，包装开始主动生产与发送与产品相关的信息。日本设计工作室 TO-GENKYO 就发明具有特殊涂层的智能包装标签，依靠食材随着时间逐渐不新鲜时所产生的氨气浓度，标签会因此发生不同阶段的变色，消费者只需观看标签颜色便能辨识食品的新鲜度。

随着物联网时代的到来，云端存储、大数据分析等新型技术被引入包装产业，新型的智能包装呈现出物联网特性，由芯片、软件和条形码组成的信息型智能包装发展迅速。包装的防伪追溯功能更为智能。商品从生产、运输到上市，全生命周期中实时信息的采集形成了一套完整的追溯体系，射频识别、NFC 标签的应用进一步推动商品防伪追溯功能的完善与便捷。消费者仅通过联网扫码，就能追溯到原产地、生产者、经营者等信息，比如，盒马鲜生推出了

① 参见付秋莹：《智能包装技术在食品行业的应用概述》，《印刷杂志》2019 年第 1 期。

利用大数据和二维码追溯技术的“日日鲜”系列，实现了蔬菜、水果、肉类、鸡蛋、水商品等商品从采摘、屠宰、包装、运输到销售的动态化信息查询。同样，水果包装也可以用智能传感器来辨识水果成熟的果香，用不同的颜色来展示水果的成熟程度，为用户的挑选与购买提供更为准确的信息。

不仅如此，借助二维码等简单的条形码，商品能够向用户展示商品的生产原料、工艺流程、转基因状态、道德凭证以及品牌的社会责任等相关信息，让用户获得比以往单纯印在包装上的标识更多的相关信息，以促进消费者的决策，同时还能展示商品的使用状态或功能，与用户产生互动，显示商品对用户的影响。比如匡威 AR 鞋子取样器应用程序允许用户在家中简单地将手机或平板电脑指向他们的脚，并立即看到不同的模型和颜色的鞋可能在他们的脚上看起来如何，用以更好地说服用户。

传统的包装广告，一般具有单向信息传播的特征，用户只是被动地接受广告信息的说服，而反馈与意见则是迟缓、滞后的，有时甚至是低效、无效的。智能包装广告借助了物联网技术、人工智能以及各种新型的包装材料，可以让物与物之间，人与物之间互联，不仅在表现形式上变得更为多样化，而且能够与用户进行互动，传播更多个人的信息与服务，让用户实现更高的参与度，更好地建设品牌文化，提升品牌的传播范围与渗透率。伴随着 AR 技术与智能包装的结合，包装上信息的传递方式已变得更为多元化，形式上实现了一个从二维平面到三维立体的转变。如今借助 AR 技术，消费者通过智能终端设备扫描产品包装，就能在屏幕上实现与产品的交互，这种交互可能是通过声音、动画、视频等多种动态形式来实现的，这种形式也进一步拓展了包装的信息传达能力及效率，帮助消费者更好地获取信息。以药品包装为例，多数人由于缺乏专业性，在阅读药品使用说明书时存在一定障碍，但国外某款药品包装就通过引入 AR 技术解决了此问题。消费者仅需通过扫描药品包装即可在该应用上获得药品的各项信息，登录相关的应用程序之后，还可以进一步查看药品信息及作用、使用方法、安全警示等详细信息，十分便利。

（二）智能包装广告提升了互动性和趣味性。在物联网时代，消费面对的不再是无生命的产品，智能包装广告进一步提升了消费过程中的互动性和趣味性，既增强了包装展示效果，也通过延长消费者与包装的互动时间，给消费者留下了深刻的品牌印象。一些传统广告无法实现的手段，借助多模态的信息传播模式能够一一展现在人们面前，给用户带来更良好的体验与满足感。澳大利亚最大的葡萄酒集团——财富酒业（Treasury Wine Estates）旗下的“19 项罪行酒（19 Crimes wine）”，利用酒标，产品展示了澳大利亚的历史一瞬，标签上的英国罪犯都曾因犯下 19 项罪行中的一项而被流放到澳大利亚。用户只需下载名为“19 Crimes”的 App 扫描酒标，在 AR 技术的加持下，瓶子上的罪犯就像是一个活生生的人物站在用户面前，讲述一个个关于他们的故事，并和用户之间进行交谈，生动而有趣。该广告由此而获得了《影响力》的“热门品牌奖”和美国超级雷吉奖（Super REGGIE）。该公司介绍，在销售的近 100 多万箱葡萄酒中采用了 AR 技术，结果销量增长

60%，销售额增加 70%。[①]

在智能包装广告中，这种互动性不仅限于信息的交互传播，互动游戏的推出更进一步提升了广告的可玩性、可看性，能够提升用户的兴趣与参与的积极性。而在新型信息技术带来的强烈感官刺激下，用户能够进一步产生互动欲望，更深层次地沉浸在游戏中，并潜移默化，增加对品牌的认同感。2016 年，可口可乐公司与流媒体音乐服务商 Spotify 联合推出了一个叫“Play a Coca（玩可乐）”的活动，活动就是基于一款结合 AR 技术的可口可乐包装展开的。消费者通过手机扫描可乐的包装标签，就能进入不同主题的 AR 播放器界面，在 AR 界面上，消费者仅需扭转瓶子就能播放、暂停、切换播放列表里的 20 余首歌曲。该包装一经推出就大幅提升了可口可乐的销量以及消费者对可口可乐品牌的喜爱，与此同时还带动了 Spotify 应用的用户订阅服务增长，实现了品牌的双赢。类似的创意还有农夫山泉和网易云音乐联合推出的“乐瓶”包装、桃园眷村与虾米音乐联合打造的音乐月饼礼盒等，都是通过扫描包装的方式与消费者进行互动。同样，吉百利也曾开发过一款 AR 小游戏，只要用户用手机应用对准其产品包装，就会激活游戏，不同的小怪兽从包装边缘出现，而用户可以用手指触摸玩一个类似“打地鼠”的游戏。这种有趣的小游戏极大地提升了用户“玩”巧克力的乐趣，随着越来越多的用户参与，其销量也不断提升。

（三）智能包装广告激活了社交关系。在物联网、人工智能与

---

① 《智能包装应用案例分析》，2020 年 2 月 1 日，见 http://www.cnavery.com/news_detail_182.html。

社交媒体等技术的支持下，智能包装广告不仅仅只是推动了传播商品信息的途径与渠道的多元化，增强了产品信息传播的娱乐性、趣味性，更是激发了用户的创作能力、“展演”的欲望并激活了其社交关系，从而为用户提供了社交的平台。一方面，在智能包装广告所提供的平台或网站上，用户可以将个人情感赋予到包装所提供的程序、游戏或广告上，并使用平台或网站提供的工具进行创作，在广告的信息或产品上加入用户的个人感悟、心情与体验，并向他人进行传播，使该广告成为独一无二的，具备使用者鲜明个性特征的产品，使之更加符合使用者或传播对象需求，在这种环境下包装成为一个自媒体，能够发出用户的“声音”，而这种 UGC 往往会吸引大量用户群体的使用。国内寄件品牌菜鸟裹裹就推出了一种服务，用户可在商品的物流包装上自行添加照片、视频或编辑祝福语，收到礼物的人通过扫描包装盒上的二维码或 NFC 标签就能看到用户的留言或图片等信息。奥利奥所推出的七夕特别款包装也同样具有很强的互动性，通过包装内置的感应器，消费者只要将饼干的大小进行不同变化，就能实现歌曲的切换，此外还提供了录音功能，购买者能够提前录音在包装盒上进行表白。此类新颖的智能包装广告互动功能，强烈激发了消费者的购买欲望，商品在短短几个小时就被一抢而空。在智能包装技术的帮助下，包装也不再只是无意义的包装材料，而是变成了“有情感的包装”“有情感的智能包装广告”。

另一方面，当用户通过社交媒体如微信、微博或是推特、INS 等网站用户圈发布自己的使用体验与感受时，其与亲朋好友将会产生紧密的互动，而这种互动也会随着人群规模的扩散而呈涟漪式地传播开去，最终可能形成社会性话题，进一步激发社会公众的参与与想象，大大提升广告的传播影响力。吉百利在2017年发行了一套采用AR技术的新日历，这项活动为吉百利带来了约300万美元的销售额，共售出57万本日历，通过这个AR日历产生的互动高达20万次，互动率达到35.2%，约有43%的消费者在多天内参与了互动。整个营销活动期间，一千多张照片和视频被拍摄与分享。①Patron Tequila则通过用AR扫描酒瓶来进行一次虚拟的酿酒厂的参观，满足用户的好奇心，并更有效地宣传品牌。2014巴西世界杯期间，麦当劳也在红色薯条包装盒外观印有庆祝广告，用户可以通过「McDonalds GOL!」进入射门游戏，在手机中会出现虚拟的足球场，而薯条盒则是球门，用户动动手指就可以试着将球踢入球门。

此外，智能包装广告在交互层面上的教育性也不容忽视，越来越多企业开始重视智能包装所具有的教育功能。由于AR的技术优势，智能包装能够与网络游戏、动画演示等形式结合以吸引儿童的注意力，并在其中加入教育元素以达到辅助教育的目的。2016年，伊利集团围绕“儿童安全”这一公益主题，在智能包装中加入了AR儿童安全教育视频。消费者通过扫描伊利QQ星的包装，或者对准伊利QQ星包装盒正面拍照，即可进入动画场景，观看有关儿童安全知识的视频，借此既宣传了产品，又通过AR视频提高了儿

---

① 《智能包装应用案例分析》，2020年2月1日，见http://www.cnavery.com/news_detail_182.html。

童关于安全知识的水平。

二、广告环境

当下的广告环境新旧分明强弱分明，即传统媒体广告市场江河日下影响力日趋下降，新兴媒体广告产业蒸蒸日上慢慢不再将传统媒体广告视为竞争对手，强弱分明指的是新兴媒体广告市场“赢者通吃”，新生力量很难占据一席之地。智慧广告“混迹”于传统媒体广告、新兴媒体广告之中潜滋暗长，逐渐成为传统媒体广告产业东山再起的念想，成为新兴媒体广告的重要组成成员。

（一）传统广告市场日益退化日益萎缩。在互联网时代到来之后，传统媒体的影响力日渐衰微，广告产业地位在新媒体广告挤压下一落千丈。自从1994年10月14日，美国Wired杂志网络版的Hotwired（www.hotwired.com）主页上开始有AT&T等14个客户的广告旗帜（Banner）开始里程碑行程，以网站广告为主体的新媒体广告发展逐渐进入正轨，广告主和受众慢慢开始排斥传统媒体广告转而接受了网络广告这种新的广告形式。此后，网络广告发展异常迅速，1996年网络广告在美国发展渐成气候，很多广告公司专门成立了“互动媒体部”。1999年第46届国际广告节，将网络广告列为继平面广告、影视广告后的第三大广告。从此，全球传统报纸杂志广告广播电视广告市场日渐低迷，形同“王小二过年一年不如一年”。2013年，美国网络广告收入达到了创纪录的428亿美元，首次超过了传统电视广告的收入401亿美元，一举确立了新媒体广告的龙头地位。2015 年，全球互联网媒体广告收入首次超过电视报纸广播杂志 4 家传统媒体广告收入之和，传统媒体广告已经不能再在传播界、广告界激荡起多少浪花了，传统媒体早已习惯广告产业“流水落花春去也”的残败凋零。

（二）新媒体广告日渐分化赢者通吃。所谓新媒体广告指的是伴随着新媒体的产生与发展而不断涌现以及派生的广告产品与服务，新广告产品与服务不断丰富集聚而成的产业平台即是新广告产业，是将所有与新媒体关联的“新内容”“新终端”“新形式”和“新服务”等广告业务一网打尽。

新媒体广告的日渐分化，指的是网站广告电子邮件广告 QQ 广告短信广告微信广告以及相伴网络直播的弹幕广告等，正呈现出不同的广告形式与不同的产业规模。简单文字广告、图片广告、旗帜广告逐渐演变为文字链接广告、浮动式广告、弹出式广告和嵌入式广告，现在升华到丰富多彩的音频视频广告、融入 3D 技术虚拟现实广告、搜索广告、文字内置广告、游戏内置广告、横批广告、按钮广告、浮动标示 / 流媒体广告、“画中画”广告、摩天楼广告、全屏广告、对联广告、视窗广告、导航广告、焦点幻灯广告、背投广告、墙纸式广告、竞赛和推广式广告、直播弹幕广告等。

新媒体广告的赢者通吃，说的是美国新媒体广告在全球广告市场“赢者通吃”，而少数几家寡头级国际公司占据着半壁江山，一个国家和地区的新媒体广告市场也是差不多同样的格局。近年来，全球网络广告增长速度约 16%，专家预计 2014 年全球网络广告有望突破千亿美元大关的预言提前在 2012 年实现。根据数字营销咨询公司 eMarketer 公布的数据，2012 年全球在线广告支出达到 1020 亿美元，首次突破 1000 亿美元大关。2016 年，全球网络广告总规模凸升到 2240.4 亿美元。

美国网络广告风头强劲，几大网络巨头谷歌、微软和雅虎等占据着全球联网广告 60% 左右的份额。2007 年，美国五家网络大鳄鲸吞全世界 68.9% 的网络广告市场。2010 年，谷歌一家公司通吃全球网络广告市场的 44%。2016 年，谷歌广告年度总收入高达 793.8 亿美元，四个季度的收益分别为 180.2 亿美元、191.4 亿美元、198.2 亿美元和 224.0 亿美元。此后的几年间，脸书、IAC、亚马逊、推特和 Linkedin 等网络新星强势崛起，蚕食谷歌、微软和雅虎等在互联网广告的地盘。脸书凭借独树一帜的特色经营异军突起，从 2013 年开始取代微软与雅虎并超越了众多美国互联网公司的广告收益。2016 年，脸书广告业务的营收为 268.85 亿美元，占全球网络广告市场份额的 12%。我国的网络广告市场同样是被几家巨型国际化公司独占风头，2013 年中国互联网广告突破千亿元大关达到 1100.1 亿元人民币，占据行业榜首的就是新浪、搜狐、网易，包括最近几年势头日劲的 BAT。

（三）智能广告小荷初露尖尖角。伴随着智能终端的普及化，人手一台智能手机的情况越来越常见，智能广告逐渐显露出快速发展势头。智能广告具有容错率高、信息承载量大、使用便捷、成本低、娱乐性强等特点，应用于商品包装中既能方便生产商监控营销信息，也能向消费者传递更为丰富的信息，实现多级包装的信息集成、防伪溯源、广告促销推送、商家 O2O、APP 下载等功能。市场竞争是一种争夺市场资源、抢夺商业机会的行为，智能包装领域具备莫大发展潜力的同时，其自身所具备的技术特点也会一定程度打破目前正常的竞争秩序，毋庸置疑的是智能包装前所未有的市场竞争优势必将导致市场的变动。在此情况下，未来的智能包装领域所存在的受侵害风险不容忽视，其商业产品内容更容易遭受不正当竞争行为破坏且破坏方式更具有隐蔽性。

三、包装广告环境

智能包装广告正在从载体变成信息平台、互动平台与社交平台，其传播的信息内容与形式变得多种多样，而传播渠道也日益多元化立体化，其社交媒体的传播模式也影响了用户对于智能包装信息的接触、理解与记忆，从而影响到用户的认知、情绪与行为。从这个角度来看，智能包装对信息的传播具有更高的风险与不确定性、隐蔽性。

（一）多模态与不确定性。随着信息技术的进步，智能包装广告用于传播商品信息的手段日益多样化，文字、符号、视频、动画、游戏以及 AR/MR/VR 等都开始应用于这一目的，大大丰富了广告的表现力。传统包装往往以文字和图片的方式来表明商品的名称、性质、功能、使用方法以及厂家的名称、联系方式等，相对来说信息的内容相对稳定、明确。智能包装广告能够使用多种方式传播信息，传播内容涵盖的范围大大超过以往，而图片、视频的存在则为信息发布方利用多模态建构文本提供了优势，有效地强化信息输出的强度与有效性，有效地突出某些信息来进行说服与引导，甚至是误导用户、消费者。AR技术带来的视觉上的震撼性、故事主人讲述故事的“在场性”能够让用户感到高度的亲切性与可玩性，从而对品牌产生认同感，实际上是越过了产品本身。AR游戏的推出更容易使用户产生沉浸感，更多地对产品与品牌产生认可，而发布方则能够更好地将虚假信息或非真实的信息植入其中，通过游戏中的情感认同、群体认同来引导用户的信息接受行为与消费行为，从而降低了对产品与品牌的质疑，加之用户缺少进行数据核查的技术与能力，更容易陷入广告的“信息战”之中，甚至“买椟还珠”，购买商品只是为了游戏或是获得与同伴的谈资。

（二）技术隐患与规制难度。在传统媒体时代，包装广告是一种单向信息传播，收集用户个人信息的能力较弱，只能依靠优惠活动、随文等方式来实现。而在智能包装应用中，包装用手机扫码、手机支付、在线游戏等多个接触与使用过程中都会要求用户以注册、登录等方式提供个人的信息，而使得智能包装成为大数据的资源池，能够收集用户的性别、年龄、住址、收入、文化程度、兴趣、喜好、消费的时间地点、购物偏好以及支付方式、社交方式等。如果缺少有效的规制，这些个人信息可能会成为企业或平台牟利的“商品”，被出售给其他公司或个人，从而造成大范围个人信息的泄露，从而引发社会性的事件，损伤用户的权益。以智能包装最为普及的二维码为例，二维码具有容错率高、信息承载量大、使用便捷、成本低、娱乐性强等特点而备受青睐，但二维码自身存在的生成方式简单、复制代价低廉、篡改容易的缺点，也使得这种技术在防伪应用中安全性和可靠性不高。同样，射频识别技术的电子标签目前也无法进行较为安全的密码学运算操作，容易受到物理攻击，芯片里的私密信息易被窃取，因而可能为企业或商品品牌带来较大的法律风险。

（三）社交传播特点与隐密化。在智能传播的环境下，智能包装广告的信息发布具有隐蔽性。智能包装广告的信息传播与个性化、移动化的智能手机、终端甚至是可穿戴设备相结合，具备了单纯广告作品所不具备的隐蔽性，而AR/MR/VR场景中的商品与品牌信息更加难以觉察，使得发布者可能利用这些渠道来发布一些与社会伦理或道德原则相悖的信息。当二维码、射频识别等成为社交媒体的入口时，群体传播、人际传播成为主要的交流方式，这些为不良信息的传播提供了绕开政府规制与社会群体监督的渠道，使其更加易于在具备高度同质化的群体中进行传播，并产生极化效应，对用户的影响更加深刻。智能包装的构成十分复杂，常常是有多种智能技术参与，并且由多种不同的组件组成的，因此这也导致了智能包装广告相关法律的复杂性，它将会比传统包装、传统包装广告受到更多的法规和法律的约束，在生产和运作方面也会存在更多的法律风险。尤其是涉及互联网这一方面，国家还没专门出台相关政策对智能包装行业进行规范，而智能包装在实际发展过程中是极有可能与当前互联网广告法的部分内容产生冲突的。随着智能包装及信息技术的发展，信息的发布与流动很难被觉察、规制，电子证据的收集、举证也非常困难。一旦发布者出于营利或竞争的目的发布包含情色内容的画面、视频以及其他不正当竞争的信息，其产生的负面影响难以估量。随着区块链技术、加密算法技术的发展，对于智能包装可能涉及的虚假广告、隐私数据被盗取等法律风险问题会有更为有效的规制，而广告法规与智能包装的信息内容规制的法律体系逐步健全，也会为智能包装广告的发展提供良好的产业环境，从而使智能包装广告以更为绿色、更为可持续性发展的模式服务于人类的需求。

第三节 广告法规

通过国家有关部门的顶层设计，智能包装广告明确了应有的归属感，明确了具体的归口管理单位，具化了业务范畴和发展空间。在此基础上，综合考察当前与未来中外智能包装广告的经济环境、社会环境、技术环境、人才环境和产业环境，就为制定执行智能包装广告政策法规奠定了前提基础。

包装广告长期以来处于广告行业和包装行业的“夹层”位置，也有人称之为“三不管地带”，即广告业务不管、包装业务不管、新闻传播不管，造成了多年来事实上的管理真空。智能包装广告裹挟了人工智能技术、5G通信技术、超级计算机技术、卫星导航技术、云技术等多重新兴技术，技术的渗透性更加突出，广告的隐蔽性更加诡异，包装与广告的边界更加模糊，广告的知识产权问题以及由此产生的不正当竞争营销问题更为尖锐，整个监管环境发生了根本性变化，相比较传统媒体广告、新媒体广告的监管难度明显大得多。当前，国家市场监督管理总局（2018年3月，根据第十三届全国人民代表大会第一次会议批准的国务院机构改革方案，将国家工商行政管理总局的职责整合组建而成）明察秋毫注意到广告发展的新形势新问题，对发展迅猛的互联网广告做出了明确界定，并且依此加强了广告监测，健全了相关工作机制。2016年，在国家工商行政管理总局推出的《互联网广告管理暂行办法》对互联网广告做了明确界定，即“通过网站、网页、互联网应用程序等互联网媒介，以文字、图片、音频、视频或者其他形式，直接或者间接地推销商品或者服务的商业广告”。为了提升数据质量，加强监督管理，国家工商行政管理总局委托浙江省工商局建立全国互联网广告监测中心，对4600家传统媒体广告和超过1000家主要网站广告开展日常监测工作，为做好互联网广告监管、实现“以网管网”提供了重要的技术支撑。2019年，国家市场监督管理总局共查处广告违法案件37399起，其中虚假广告20830起，非法经营广告1419起。

为了应对各种突发广告事件，国家工商行政管理总局制定了《广告司广告监管应急处置暂行办法》，深化落实关于“广告宣传也要讲导向”的总体要求，对及时妥善处置涉及人民群众重大利益的广告事件工作流程作出具体规定，强化与宣传、通信、网信、新闻出版广电等部门的协作配合，充分发挥广告协会等行业组织的作用，共同做好广告导向监管工作，实现社会共治。

一、加强事先审查层面，提高虚假广告内容泛滥门槛

广告审查机关对于广告审查的方法，可分为广告审查机关的事

先审查、广告行政管理机关在广告发布后的监管及规范，即事先审查和事后审查。中国关于广告的事先审查，最早起源于1994年全国人大通过的广告法，该法律中首次明确订立了对药品、医疗器械等重要商品进行行政审查的原则。《中华人民共和国广告法》第三十四条规定："利用广播、电影、电视、报纸、期刊以及其他媒体发布药品、医疗器械、农药、兽药等商品的广告和法律、行政法规定应当进行审查的其他广告，必须在发布前依据有关法律、行政法规由有关行政主管部门对广告内容进行审查。未经审查，不得发布"。此后，一系列具体的配套法规规章陆续出台，如《医疗广告管理办法》《医疗器械广告审查办法》《中医药条例》等。截至目前，在中国纳入事先审查制度的广告一共有医疗、药品、农药、兽药、医疗器械、中医药保健食品、房地产等几大类，中国的广告审查制度已日趋完善。

实际上，这些年来的广告事前审查范围方面仍存在许多局限，只有药品、医疗器械等部分特殊产品广告是由政府进行事先审查的，食品、金融商品等其他商品并未纳入事先审查制度的广告范围，大多数广告品类的事先审查工作主要是由自身组成的广告审查部门来完成，无须经过广告审查机关的事先审查。随着互联网广告大行其道，虚假广告违法广告的数量及比例因为广告事先检查缺乏有效规制而不断增长。

互联网广告违法违规增多，主要是由于互联网的开放性和非中心化特点，一方面互联网广告的发布渠道十分隐蔽且多样，给虚假广告违法广告提供了滋长的空间，另一方面是网络化传播的方式绕开了传统广告的规制方式。智能包装广告借助互联网、物联网、社交媒体与智能终端的发展，应用于大量不需要进行事先审查的广告领域，并不断向其他领域的应用扩展。智能包装运用的各类高新技术使得广告内容更加灵活，加大了广告内容的审查难度。广告内容的事先审查，一般从表面即可知广告内容的正确性和合法性，而在智能包装中附带的广告信息更多会智能化存储在互联网平台中，导致了广告事先审查的困难。智能包装广告所采取的二维码、NFC芯片、RFID标签等技术，具有表面不可知性，即无法从表面上判断其具体内容，只有通过智能终端扫描之后才能读取，这种传播方式的隐蔽性极大可能导致智能包装领域出现虚假广告内容，或在实际广告行为中采取不正当竞争策略。智能包装广告给了信息传播者尤其是商品生产者、营销商以巨大的权力，他们可以较自由地在包装上印制自家产品或服务有关的二维码，只需保障信息的真实性即可，而广告内容缺乏保障。互联网广告的灵活性及智能包装所承载的广告内容，除了会出现虚假广告，更有可能会出现含有色情、暴力、不雅乃至涉及政治、宗教等国家禁止宣传的非法广告内容。一旦品牌商或广告主在智能包装的商品上纳入了这些广告内容，尤其是植入式广告中这些更难以被审查机构发现，对于事后广告审查几乎无济于事。智能包装广告的隐蔽性加上法律事先审查漏洞，使得智能包装领域的广告违法违规门槛进一步降低。基于此，智能包装广告在广告审查层面存在极大的法律风险，急需要出台针对互联网广告、智能广告、智能包装广告等的广告事先审查制度法规，提高制造虚假广告非法广告的违规门槛。

二、以反不正当竞争为切入点，嵌入智能包装广告监管法规

随着互联网广告、智能广告的日益活跃，广告内容正日益丰富，在人工智能技术和互联网络双重“掩护”下，一些不按常理出牌的包装广告绕开重重封锁进入广告市场，严重影响到广告市场的公平竞争环境。智能包装广告主动推动信息的功能与弹窗广告性质类似，只是呈现方式更为智能和隐蔽，本质上就是利用技术、服务或资源优势，有目的地向消费者传播信息。在多模态的传播模式下，消费者很容易为广告的形式所吸引而主动点击，这种方式也使得“是否征得消费者同意”这一要求很难被界定。同时，尽管发送方的身份与联系方式可能明示，但是在线游戏或是互动游戏的感官刺激与心理正反馈效应有可能弱化接受者的戒备心理，以更为潜隐的方式产生影响。

为了打击新出笼的各种不正当竞争经营行为，我国的《反不正当竞争法》第九条第一款规定，“经营者不得利用广告或者其他方法，对商品的质量、制作成分、性能、用途、生产者、有效期限、产地等作引人误解的虚假宣传。”可以看出，目前我国对虚假广告开展不正当竞争业务进行了严格的法律规制。在智能包装中，消费者在包装的表面所获取到的是合法、正确的广告内容，但通过扫码之后所获取到的内容则很有可能是虚假广告或者引人误解的内容，需要格外引起重视。《反不正当竞争法》第十二条做出了明确规定，经营者利用网络从事生产经营活动，应当遵守

本法的各项规定。经营者不得利用技术手段，通过影响用户选择或者其他方式，实施下列妨碍、破坏其他经营者合法提供的网络产品或者服务正常运行的行为。这其中就有所指地规制了互联网广告、智能广告，不得利用“互联网技术”“人工智能技术”影响和干扰广告用户选择。《反不正当竞争法》第十二条的进一步解释还包括，未经其他经营者同意，在其合法提供的网络产品或者服务中插入链接、强制进行目标跳转，误导、欺骗、强迫用户修改、关闭、卸载其他经营者合法提供的网络产品或者服务，恶意对其他经营者合法提供的网络产品或者服务实施不兼容，其他妨碍、破坏其他经营者合法提供的网络产品或者服务正常运行的行为。这正是为适应目前互联网环境下，因新技术可能出现各种新的不正当竞争案例而制定的法律文书。此外，《互联网广告管理暂行办法》第十六条中同样规定，“互联网广告活动中不得提供或者利用应用程序、硬件等对他人正当经营的广告采取拦截、过滤、覆盖、快进等限制措施，不得利用网络通路、网络设备、应用程序等破坏正常广告数据传输，篡改或者遮挡他人正当经营的广告，擅自加载广告。”

目前智能包装广告中较具有代表性的二维码技术，是呈现一个开放式的市场应用模式，二维码标准的开放致使任何人都可以通过网络生成、解析二维码，在竞争行为日益异化的情形下，互联网中的用户访问流量已成为互联网企业之间角逐的对象，二维码的技术漏洞使得劫持流量的行为成为可能，恶意竞争者或不法分子甚至可以从外界篡改智能包装上二维码的信息，以此进行不正当商业竞争行为，即通过不正当方式技术设置，阻止消费者访问竞争对手产品，而引导其转向其他的产品链接，或直接破坏正常广告数据传输，篡改或者遮挡他人正当经营的广告。对于广告主来说，会给智能包装的广告主带来极大的困扰，损害其正常的商业权益；对于广告审查和监管机关来说，也会造成执法负担，违法情况难以及时、有效监控和处理。

智能包装与传统包装的最大不同，是其能够结合智能终端，在现有的包装之外承载更多的信息，即通过互联网平台进一步为产品宣传或为消费者提供服务，这也使得智能包装广告的界定处于两难境地。从《互联网广告管理暂行规定》的角度出发，智能包装的相关法律问题最接近于互联网环境下广告法规研究的一个新兴类别，因为在目前的信息型智能包装中，条形码、二维码、电子芯片、射频识别等形式其实是替代了互联网广告中的链接，这也符合《互联网广告管理暂行办法》中第三条“其他通过互联网媒介推销商品或者服务的商业广告”。在实际的运作中又存在着诸多不确定的因素，导致智能包装广告难以被规制。考虑到未来智能包装广告可能存在的法律风险，可以从制度创新、技术管控以及法律完善多管齐下与时俱进地进行管理。

三、强化监管追责制度，创新包装法律条文

为了确保互联网广告、智能广告、智能包装广告有效监管，在加强事先审查提高制造虚假广告非法广告的违规门槛和以反不正当

竞争为切入点嵌入智能包装广告监管法规的基础上，还务必监管追责制度并且创新包装法律条文。

广告审查除了审查广告内容的真实性以外，另外一大标准是针对广告表现形式的审查，即广告的有可识别性。《中华人民共和国广告法》第十三条规定："广告应当具有可识别性，能够使消费者辨明其为广告。"我国《互联网广告管理暂行办法》第七条规定：互联网广告应当具有可识别性，显著标明"广告"，使消费者能够辨明其为广告。智能包装广告所具备的极高的交互性和专业技术性特征，很有可能突破现行广告规章的这一审查条例。目前智能包装中的蓝牙标签、无线通信（NFC）等技术使得广告主动推送成为可能。借助这些技术，消费者甚至无须接触、等待或下载，只需靠近这些产品，智能标签即可主动向智能手机推送信息。这一主动推送的功能使得广告可识别性减弱，与传统广告相比，更容易让消费者将智能包装广告与普通资讯信息相混淆。换句话说，广告作为一种介绍和推销商品或服务的形式，若是在国内采用此类缺乏鲜明广告特征的主动推送信息技术手段，用以介绍和推销商品或者服务，不仅会使广大消费者难以辨认其究竟是否属于广告，比如 AR 所引领的互动游戏、社交游戏等就更难以被辨识。这些广告可能违反《中华人民共和国广告法》中所禁止的欺骗或者误导消费者的情形，同时也违反了《中华人民共和国广告法》明文规定："任何单位或者个人未经当事人同意或者请求，不得向其住宅、交通工具等发送广告，也不得以电子信息方式向其发送广告。以电子信息方式发送广告的，应当明示发送者的真实身份和联系方式，并向接受者提供拒绝继续接受的方式。”①

在物联网时代，只要用户手持智能终端，一切信息和行为数据都会被智能设备归纳分类，而基于用户大数据甚至是个人数据的收集，互联网中的定向广告和精准推送广告也就此诞生，此类广告更是以“更懂用户，能明白用户心里所想”为口号，在目前激烈的广告市场竞争中，能够依靠大数据与人工智能等技术进行广告的精准投送。据脸书年度财报显示，其 2019 年的营收达到了 707 亿美元，其中广告营收达到了 696.5 亿美元，占比 98.5%。脸书业绩如此惊人高占比的广告营收数据，离不开大数据应用背景下广告质量和投放精准度的提升。互联网网站一般通过 Cookies 将用户登录网站、浏览网站和搜索信息进行记录，以此得到用户较为完整的个人喜好和使用习惯信息，如今伴随着多种新兴媒体技术及电子信息技术的快速发展和不断完善，关于用户的实时地理位置、社交关系等更为私密的信息都能被智能移动端一一记录下来，广告主和用户的需求必然开始向个性化、精准化发展，这是未来广告发展的一大方向，因此如今不少公司也趋之若鹜地收集消费者的购买使用信息、反馈及互动行为数据信息，试图建立起广告智能精准推送的业务。智能包装广告的出现，使得对用户信息的收集变得更为有效和精准。其采用的传感器技术以及电子标签，实现产品的目标识别、物品跟踪和信息采集等功能，尤其是信息采集功能，不仅会采集商品在整个供应链中的信息，售后消费者的使用行为数据收集也成为可能。美

---

① 参见《中华人民共和国广告法：案例注释版（第四版）》，中国法制出版社 2019 年版。

国物联网平台提供商 Evrythng 与英国 AR 初创公司 Zappar 合作，将 AR 技术与物联网结合。消费者仅需扫描产品包装上的扫描码，就可以建立并链接动态数字身份云端，从而了解到更多的产品信息，与此同时，商家收集实时数据。其他公司还有通过智能包装中所安装的 AR 游戏来获取用户数据，并利用所获得的数据进一步创建消费者的回购提示程序。

2019 年 5 月，国家互联网信息办公室发布了《数据安全管理办法（征求意见稿）》，向社会公开征集意见。该办法强调网站必须获得个人明确同意后方可收集信息，同时还明确了用户拥有拒绝定向推送、精准营销等行为的权利，要求网站在停止定向推送后必须删除用户数据。未来智能包装的“个性化”和“智能化”发展，可能会使传播者有更多的途径与方式来收集用户信息，而且更加隐蔽，更容易获得用户的许可，用户的数据安全权有可能受到更大的侵犯。

在智能包装中，消费者通过扫码，信息极有可能泄露，消费者的隐私权、财产权因此存在被侵害的风险，或者个人数据被用于不法用途，这就违反了《互联网广告管理暂行办法》第十六条第三款规定中的“不得损害他人利益”这一核心内容，该规定要求“互联网广告活动中，不得利用虚假的统计数据、传播效果或者互联网媒介价值，诱导错误报价，谋取不正当利益或者损害他人利益。”在普通用户看来，二维码是一张简单的图片、是一个联网的入口，在意识上就没有引起对可能造成个人信息泄露的警惕性。从专业角度来看，二维码建立了一个信息传输的通道，其背后隐藏着一整套软硬件系统。受众可能因为个人原因诸如为包装上的广告语吸引，而想更好地了解产品的用法、成分，或者为包装上的图片所吸引，用App进行扫描，从而进入网站，进行注册、抽奖或是游戏，换句话说，只要参与解码的软硬件系统被他人恶意篡改或植入病毒，消费者设备中的数据，例如账户密码、个人隐私等敏感信息就有可能在传输过程中被拦截、窃取，最后泄露给其他非法机构。除了数据的非法侵入，信息收集者也极有可能将收集到的用户信息进行非法商业交易，即转卖给第三方赚取利益，进而损害消费者的权益。《消费者权益保护法》规定：信息收集者对消费者的个人信息必须严格保密，不得泄漏、出售或者非法向他人提供；经营者应当采取技术措施和其他必要措施，防止消费者个人信息泄漏和丢失；在发生信息泄漏的情况时，还应采取补救措施。

智能包装广告的运作不仅与各类前沿技术紧密绑定，还深刻依托互联网这一新兴传播媒介，进而导致了相关部门对于该领域中违规违法广告的追查和监管十分困难。由于目前国内还未出台智能包装广告相关法规，因此对于智能包装广告的监测基本需要参考互联网广告的监测方式。互联网广告监测是指工商行政管理部门依法对各类互联网广告发布情况进行的检查活动，主要包括广告资料的采集汇总、违法广告的证据固定、监测信息的发布、监测结果的分发与上报等。[①] 互联网广告监管的重要依据是网上电子证据，《互联网广告管理暂行办法》第二十条规定“工商行政管理部门对互联网

① 欧丹：《大数据时代下的互联网广告监测电子数据取证规则》，《学术探索》2018年第8期。

广告的技术监测记录资料，可以作为对违法的互联网广告实施行政处罚或者采取行政措施的电子数据证据”。在智能包装广告中，包装器型器物所连接到的互联网广告内容，是以电子信息形式发布的，既能任意更改，还能毫无痕迹地删除和伪造。纵使广告审查机关进行审查，由于电子标签内容容易修改的特性，智能包装所链接的互联网广告信息也能轻易变更，审查效力受限。

与此同时，智能包装广告的内容传播和更新速度非常快，若是市场上出现了违反广告法内容的智能包装，审查机关想要对违反规定的广告内容进行网络取证，实际是难以实现的。首先电子证据极易丢失且无法挽回，其次还有可能出现审查机关再次扫码登录时相关网页的内容已经被修改的这种情况，并且就算成功取证，目前社会对于电子证据的证明力也是存在较大争议，相比电视播放、纸媒传播中的传统证据，电子数据存在易毁损、易修改、隐蔽性、脆弱性和复合性的特点，它还表现出无形性与虚拟性。这些特性导致电子证据的真实性很难证实，也很难判断是否发生了被伪造、修改的情况，监管部门有时会陷入无法确定证据真实性、合法性的困境，并且后续审查机关若想证明电子证据的真实性也需要较高成本，媒介和广告主也很有可能不承认发布了违法广告。目前电子证据的法律效力在我国法律中还没有明确的规定，并且此类广告的追责对象也难以明确，和互联网广告一样，智能包装广告发布的随意性也使得较难确定违法责任究竟归属于广告主、广告发布者还是广告经营者。总体来说，智能包装广告取证过程将存在诸多阻碍。

在物联网浪潮的助推下，包装开始向着多功能、信息化的方向发展，多领域技术参与下的智能包装应运而生。据 2018 年市场研究未来报告显示，全球智能包装市场约为 467.4 亿美元，预计 2017 年到 2023 年将以 5.16% 的复合年增长率（CAGR）进行增长。[①] 可以说，全球智能包装都进入了一个快速发展的阶段，对我国的包装法也提出了新的挑战。目前涉及包装的法律主要有《中华人民共和国环境保护法》《消费者权益保护法》《中华人民共和国食品安全法》和《知识产权法》等，"包装法""包装广告法"实际散布在我国的各类法律法规中，甚至在《中华人民共和国环境保护法》中，包装也作为环境保护的一环纳入规定之中，从包装的角度来说归属于概括性的规定而已。在此情况下，智能包装产业和智能包装广告产业迅速扩张，必然会给我国现存的包装法条文带来巨大挑战。

一个产品包装的面世往往要经过许多环节，从包装创意、包装设计、包装材料、包装成型及包装成品的使用和消费、包装废弃物的处置和利用，每一个环节都极可能出现违法的情况。在这些环节中，智能包装所产生废料的回收和处理是涉及包装法最主要的问题。现在有大部分的智能包装都革新了包装材料，如碳纳米材料、活性包装材料、发光包装材料等，此类智能包装可称为功能材料型的智能包装，多应用于食品、药品领域。此外，还有另外一部分新型智能包装引入了传感器、电子芯片、柔性电池等技术材料，此类智能包装则被称作信息型智能包装。归根到底，正是这些具备多种功能的包装材料赋予了智能包装的功能性和智能性，反方面也导致

① Dr.Bahar Aliakbarian：《智能包装在供应链中的优势和挑战》，高珉译，见 https://www.iyiou.com/p/95568.html。

了材料回收的困难增大。在智能包装领域，既保证原有的智能性能又环保的材料暂未推广开，目前智能包装所产生的垃圾大部分都不是环保的生物可降解材料，是不能进行持续回收和利用的，其中所安装的射频原件、传感器等包装原件回收也存在较大困难，因此部分智能包装材料无法持续使用和回收的情况将极易污染环境，而这不仅违反了全球包装行业绿色环保趋势，也违反了我国包装法中的一系列法规。《中华人民共和国循环经济促进法》于 2009 年 1 月 1 日起正式实施。依据该法的相关规定，“企业在对产品或者包装物进行设计时，应当坚持减少废弃物以及合理利用资源的目标，选择无毒害、易分解以及易于回收的材料，并且设计的包装方案不得违反国家的强制性规定，在实际生产中应严格按照既定的标准执行，防止出现不合理的包装导致环境污染。”此外，《中华人民共和国清洁生产促进法》中也提到了，“产品包装回收规定内容，在方案选择上应当优先考虑污染小、无公害、易于回收或者能自然分解的产品包装，产品包装的设计成本和制造成本要严格控制，禁止出现过度包装，在对产品的包装过程中应当坚持合理性原则”。

第四节 全球合作

当前，人工智能应用已经展现出巨大的变革能量。智能机器不仅在语音识别、人脸识别和信息精准推送等领域无限接近人类智慧，甚至在某些方面超过了人的快速整合能力，未来可以代替人驾驶汽车、诊断病情、教授知识、检验产品和广告信息反馈等方方面面。智能机器将不再是单纯的人脑沿用延展的冰冷工具，而有可能帮助甚至部分代替人进行决策、设计、生产和生活，与人类脑智能逐渐融合在一起。人工智能在当下和未来几十年会对人类社会产生巨大的影响，带来不可逆转的全方位全立体全社会改变。智能包装广告融智能性、网络性、包装性和广告性于一身，必然要考虑到人工智能技术和互联网技术等对互联网广告、智能广告、智能包装广告的深远影响，必然要考虑到互联网技术与互联网传播的无边界无疆域无国界特征，必然要考虑到人工智能技术无孔不入、无处不在、无所不能的风格特点，必然需要全地球、全人类、全社会和各国政府、各级政府监管部门共同努力，制定人工智能开发和应用的规范和政策方向，密切全球广告信息交流，促进全球广告数据共享，鼓励全球企业责任担当，谋求全球智能伦理协同，为智能包装广告健康有序顺利发展创造出最优环境条件。

一、密切全球广告信息交流

智能包装广告的全球化信息交流，首要问题是在全世界范围内形成一种新的广告业态影响势力，让全人类高度意识到“智能包装广告时代”正在深入到人们日常生活，正在成为广告界的产业新宠、成为包装行业的市场新的业务增长点，以一种强大的“虹吸效应”吸引更多的风投资本加盟其中，吸纳优秀的人工智能技术、人才广告、新锐包装先锋加入智能包装广告产业大军的阵营之中。

诚如尼尔·波兹曼所言，在一个科技发达的时代里，造成精神毁灭的敌人更可能是一个满面笑容的人，而不是那种一眼看上去就让人心生怀疑和仇恨的人。[①] 智能包装广告不仅改变了广告创意、广告设计、广告生产制作、广告传播、广告反馈的全过程，也重新塑造了广告和消费者之间的关系。对于传统的广告业而言，产品的包装是体现品牌形象的重要载体，主要是通过视觉设计来传递企业形象，无法承担产品与服务宣传、推广、反馈之类的主流业务。随着智能包装技术的发展，其广告功能逐渐得到放大并不断开掘出源源不断的广告功效。智能包装因其交互性可以作为主流广告业务的主阵地，且包装是一定会和消费者接触到的实体，无论是对新受众的挖掘还是固有受众的维护都十分重要。广告业随着智能包装的逐渐成熟也会将更多的生产、传播、分发分配到智能包装渠道，广告的形式和内容也随之变得更加亲切、有趣，甚至和消费者建立起类似于游戏的互动。值得警惕的是，这种互动作为商业下的新产物，以更为隐蔽的方式带给受众更加愉悦的体验，无形中可能造成过度消费。当智能包装广告成为信息流量的一个入口，更多的消费形式也会由此而衍生。包装原本只是作为产品的附属物，也可能随着发展被塑造为另一种“商品”。例如，AR 作为智能包装的重要技术对于增加产品销量有着举足轻重的作用，常被用于短期促销。2017 年吉百利发行了一套采用 AR 技术的新日历，其互动高达 20 万次，互动率达 35.2%，43% 的消费者参与了互动，这项活动也为吉百利

① 尼尔·波兹曼：《娱乐至死》，章艳译，中信出版集团 2015 年版，第 186 页。

带来了约300万元的销售额。

智能包装广告密切全球广告信息交流，是全球经济一体化、全球信息一体化的具体表现，是人类命运共同体的重要组成部分。智能包装广告得益于人工智能技术的全球化应用不断扩大，各个国家和地区的相关技术交流、产业交流日益频繁。人工智能技术具有较大的发展提升空间，尤其是在智能化方法与途径、数据计算模型等方面，直接影响着人工智能技术智能化水平。因此，针对这些技术瓶颈，各国应该进一步加强国际间人工智能技术的交流与合作，通过构建国家合作交流人才计划体系、着重加强国际间人工智能技术项目的策略和组织工作，通过国际型学术会议等形式进行人工智能技术合作与交流，坚守国际公约，确保人工智能科技能够始终致力于促进人类发展的用途之上。

为推进智能包装广告全球信息交流，中西哲学思想成果也应交流互通兼容并包。“当前人工智能的发展已经明显地表现出了对人的地位和社会存在的挑战，是中西文化一次深度融汇的机遇。”与西方的“我思故我在、存在者的存在”等对于主体性与存在不确定性的哲学思想相比，中国文化更重视人和人性的中心地位，以自身的本质表现人的主体性，用一种直觉的、体验的方法来感悟“天人合一”的自然与历史的和谐统一，彰显大象无形中的“非表达与非形式的确定性”。在中西哲学思想的融通中，或许可以为人对于自身的认知和突破智能伦理瓶颈带来新路径。面对人工智能发展的新形势、新需求，我国必须主动求变、应变，无论在技术研发层面或是伦理思想探讨层面都要发出自己的声音，争取国际话语权。要牢牢把握人工智能发展的重大历史机遇，积极主动谋划发展策略，时刻观察发展动向保证及时行动，引领世界人工智能发展新潮流，这样才能服务经济社会发展和保障国家安全，带动国家竞争力整体跃升和跨越式发展，在人工智能发展的大潮中为全体人类做贡献、谋福祉。我们要积极参与全球人工智能技术应用推广原则的研究和制定，及早识别禁区，吸收和弘扬“以人为本”等中国优秀传统文化精髓，让技术创新更好地造福人类，需要进行更广泛的国际合作。清华大学薛澜表示，“人工智能的发展将在创新治理、可持续发展和全球安全合作三个方面对现行国际秩序产生深刻影响，需要各国政府与社会各界从人类命运共同体的高度予以关切和回应。只有加强各国之间的合作与交流，才可能真正构建起一套全球性的、共建共享、安全高效、持续发展的人工智能治理新秩序。”

二、促进全球广告数据共享

智能包装在广告业中的应用不仅重塑了广告形态，更重要的是它所带来的全新渠道已经超过了广告本身的价值，更提供了新的流量入口，海量的数据也将由这个入口所创造。获取到巨大的数据以后，要如何进行管理和规制依然是亟待解决的问题。目前，美国的苹果、谷歌、亚马逊、微软、脸书、普利斯林、推特以及中国的百度、阿里巴巴、腾讯、京东、美团等为代表的互联网巨头垄断头部流量资源，而一些中小互联网公司抱团取暖组建共享平台。大量互联网用户参与文图内容音视频生产，在互联网络中产生了海量的数据，但这些数据与垄断头部流量资源的互联网寡头公司相比，一是数量级别上几乎可以忽略不计，二是完全处于离散碎片化状态。在互联网企业内部也依然各自为政，很少保持着长期密切的数据共享。互联网监管的不同部门对数据的管理与使用有着各自的标准，无形中造成了大量数据无法被集中起来统一管理，与之适配的信息系统建设与维护也无法得到实质推进，由此信息安全事件频发。2018 年 3 月，在未经用户授权的情况下，脸书超过 8700 万用户资料被第三方数据分析公司收集，用于大数据分析，造成脸书成长史上规模最大的一次数据泄露事件。随着智能技术的进一步迭代升级，全时在线的传感器也将会创造出更为可观的数据量。面对如此庞大的互联网数据库，目前的全世界信息安全建设已经远远无法满足业务实际发展需求，这既需要尽快形成打破国家和地区壁垒的全球化广告数据共享机制，实施全球化统一的数据管理和数据调度，并且需要建立健全第三方的数据监管机制。

因此，各国政府应促进数据共享技术，为人工智能培训和测试提供共享的公共数据集。在个人信息得到保护的前提下，促进数据的自由流通。加强国际合作，建立多层次的国际人工智能治理机制。各国政府应通过联合国、G20 组织、一带一路沿线国家与地区组织以及其他国际平台，将人工智能发展纳入国际合作议程，利用人工智能推动联合国 2030 年可持续发展目标的实现。由国家各级政府主管部门牵头，组织跨学科领域的行业专家、人工智能企业代表、行业用户和公众等相关利益方，开展人工智能伦理的研究和顶层设计，促进民生福祉改善，推进行业健康发展，掌握新一轮技术革命的主动权。2018年，欧盟出台了《通用数据保护条例》（General Data Protection Regulation），该条例通过限制互联网及大数据企业对个人信息和敏感数据的处理来保护数据主体权利。这不仅对互联网企业行为做出了更为严格的限制，同时也明确规定了互联网用户的“被遗忘权”（right to be forgotten），即用户个人可以要求责任方删除关于自己的数据记录，极大地保障了大数据时代个人信息的自主权，为全球互联网信息安全共享做出法律保障的有效探索。

三、鼓励全球企业责任担当

为了落实智能包装广告的全球化监管，确信全球广告资源共享和互联网信息安全共享，必须强化大型互联网企业、大型智能化企业的使命担当，强化互联网企业和智能化企业负责人在人工智能理论建设与实际应用中的责任任务。互联网企业和智能化企业的龙头前瞻性探索十分重要，在信息推荐、自动驾驶、虚拟现实等热点领域，推进企业引领示范，在产品设计和业务运营中贯彻人工智能原则，让人工智能提供的信息和服务促进民众认知。人工智能领域涉及经济、政治、计算机、心理学等多个行业的专业知识，这要求大型互联网公司、大型人工智能公司集结各个学科与行业的专家学者，聚合社会学家、伦理学家、新闻传播学家、人工智能科技人员和相关企业领导人的集体智慧，全员参与经验共享，共同拟定人工智能发展的政策、路径，从而保证人工智能健康发展。谷歌等许多知名公司已经成立伦理委员会，监控行业人工智能技术的研发和部署，尽量实现人工智能技术和社会发展伦理规范在实践中做到同步发展。

大型互联网企业、智能化企业不仅具有责任担当的示范效应，而且具备融合技术研究、跨学科研究的先锋引领能力，在智能包装广告技术创新领域做好全球化实践推广工作，多方位保证人工智能应用的公平正义。一些国际化公司业务广布世界各地，在推进广告信息密切协作互联网数据全球共享方面更有心得体会，实施全球化智能包装广告监管更为得心应手。在大型互联网企业、智能化企业及企业负责人的带领下，加强对相关技术与产品的管理力度，确保技术一旦发展成熟，人工智能便能够正式参与人类生活，不损害人类权益，智能包装广告就可以有效防范人工智能携裹的信息安全问题、智能伦理问题，不断促使人工智能技术融入更多的科学思想、科学技术，不断促使人工智能发展更人本化、生态化、和谐化。

在全世界鼓励大型互联网企业和智能化企业及企业负责人探索智能包装广告实践中所产生的系列问题，让全社会、全行业跨行业共享发展经验、共享技术创新成果，有助于实现人工智能技术应用推进和社会发展进步的和谐协同。全球数字化生存所要求的信息沟通的通畅程度，已经否定了有界限有信息保留的个体，完全突破了国界疆域的苑囿，不断打破人类生活空间与工作空间的界限，有必要在大中小公司内部矗立起国际化法律标杆、道德伦理标杆，构建新型的智能包装广告信息生态体系。

四、谋求全球智能伦理协同

智能包装广告随着大数据技术、物联网技术的不断成熟和5G商用化进程的加快，正对现代广告业带来颠覆式的革命。同时，智能包装在重塑广告范式的同时也加剧了伦理风险，使得数据安全和隐私保护逐渐成为突出的问题。2017年7月8日，国务院印发《新一代人工智能发展规划》，便提出开展人工智能行为科学和伦理等问题研究，建立伦理道德多层次判断结构及人机协作的伦理框架。制定人工智能产品研发设计人员的道德规范和行为守则。智能包装技术不仅强化了低俗、媚俗等原有的广告伦理失范，更造成了由海量信息肆虐、隐私泄露、社交滥用而产生的新的"时空侵犯"危机，例如广告泛滥、"时空剥夺""视听暴力"、欺骗、逆向选择、无效资源配置导致社会效益降低等更多的问题。① 因此，智能包装广告在发展过程中将带来的伦理、道德、法律等一系列问题值得我们深思，需要在全世界谋求智能应用伦理协同。

智能包装广告改变了传统的线性广告投放，广告商通过对受众更为透彻的分析和洞察可以进一步优化广告，从而提高营销效率。智能包装广告极大地依赖于用户在使用过程中产生的行为痕迹，这种痕迹也会作为数据存储于后台服务器。随着大数据和传感器技术的快速发展，用户的年龄、性别、身份、地域、职业等人口统计学意义的自然属性不仅能被轻易获得，其兴趣、身份、行为、心理等

① 参见蔡立媛、龚志伟:《人工智能时代广告的"时空侵犯"》,《新闻与传播评论》2020年第2期。

个人数据也能被洞察。将智能包装技术运用到广告业中，一方面可以加强用户与产品商的互动，同时也会对用户造成隐私剥夺。在庞大的商业产品面前，用户居于十分弱势的地位，若想使用产品就需要在注册时签订一定的协议，在使用过程中为了更好地体验也需要提供自己的状态信息，过程中产生的痕迹也会帮助商业公司数据库变得更为强大和完善。久而久之，用户与商业公司间的马太效应不断加剧。用户若想保护自己的隐私，就只能弃之不用，否则就要以个人信息换取智能便利。尤其是在如今的现状下，各商业公司的数据库会随着产品的成长变得更为强大，但这个过程缺乏第三方平台的监管，用户个人信息该如何得到保障也没有一个统一的标准，因此就可能让人产生隐私方面的担忧。全球知名标签材料制造商艾利丹尼森与自然化妆品品牌 Mineral Fusion 合作，利用 Directlink NFC 技术对 Mineral Fusion 新化妆品进行推广。消费者通过扫描 Mineral Fusion 上的产品标签，就可以观看到这款新化妆品生产加工的全过程，也可以了解到产品使用的详细信息。这种方式改变了传统的纸质说明书的方式，不仅更加环保，也能以更加生动的形式增强与消费者间的互动。同时，这项 Directlink NFC 技术允许 Mineral Fusion 捕捉和跟踪使用者数据，包括有多少使用者与 Mineral Fusion 进行内容互动的数据。如果使用者在线访问过程中填写了个人信息，品牌也会实时与其进行互动，并为使用者建立个人档案，用于评估市场或提供反馈意见。在这种品牌提供的互动中，使用者的自主性也在慢慢丧失，并且也会在无意中交出个人的隐私。

如同麦克卢汉所言，任何技术都倾向于创造一个全新的人类环境。在新技术所推动而成的新环境中，我们既提高了对现实的控制力，同时也被这种控制所束缚。新兴技术作为推动历史进步的动力本身是巨大的能量，既激发个人能量，同时提高整个社会的生产力。每一次的技术变革不仅意味着创新，同时也意味着打破原有的道德伦理甚至是法律规范。将智能包装技术运用到广告行业一方面为人类带来了全新的感官体验，同时这种新的体验又何尝不是一种感官暴力。智能包装广告作为一种新兴技术，并不了解什么是伦理边界，看似体贴周到，实际上是野心勃勃地去感知用户、了解用户乃至俘获用户，这种了解本身就带着对用户隐私的侵犯。智能包装广告作为商业社会的产物，具有天然的逐利性，将经济利益作为第一要义。作为智能包装广告从业人员，通过广告内容来促进消费固然是其职责。但一些广告从业人员没有树立正确的价值观，通过各种手段千方百计诱导消费者，甚至不惜以一些低俗、耸人听闻的广告内容来博人眼球更是有悖于社会的道德价值观念。广告的本质代表着商业和利益，但从信息流通的角度来看，它拥有相当规模的受众，也是一种公共信息资源，在考虑其经济利益的同时更要考虑其影响力和公共性。随着智能包装技术在广告业中的广泛运用，广告的内容和形式都会产生一定的革新，究其宗旨也是要以更加新颖、生动的表现手法来吸引消费者，从而最大限度地实现广告价值。如果运用得当，广告主会获得收益，消费者就会获得良好体验，社会好评如潮，达到双赢多赢目的。

后　记

在濒临崩溃边缘，总算在国庆节前完成了《智能包装广告》书稿。几经周折，百转千回，比预期延宕了三个月。

撰写《智能包装广告》是一次全新挑战，毕竟原来涉足的主要领域为新闻传播学。这些年大部分时间沉浸在电信传播、智能传播日新月异的信息追寻苦思冥想中，《智能包装广告》算是建立起了智能传播与包装广告的“连线”，也算是敢于承受全新挑战的底气。正是这种全新挑战，一是回味起当年在浙江绍兴做报纸媒体时拉广告、拉赞助的情形，回味起在中央电视台体育频道初创时代理广告策划运作系列体育赛事吸引体育赞助的情形，满满的媒体人广告人味道绕梁三日；二是在中国传媒大学攻读平生第三个博士时毕业论文写的《电视品牌论》，涉及品牌包装的一点皮毛，为深度广度跨度思考“包装”有了不一样的思维路径，感觉到“包装”应该跳离包装材料全方位拓展维度，跨界跨域延伸到国家包装、城市包装、艺术作品、包装人物包装，等等；三是深切体会到包装广告处于包装行业和广告行业的边缘地带，市场价值和行业地位远远没有开掘到应有深度、应有水平，应该确立市场品牌形象，尽早实施归口管理，发挥出5G赋能时代智能包装广告的特殊价值。

承接《智能包装广告》这一国家市场监管总局湖南广告基地重大课题，得到了各方面的信任支持。湖南广告基地重大课题帮忙联系国家市场监管总局等主管部门协调有关行业调取主要数据资料，湖南工业大学商学院包装设计艺术学院在人力物力财力给予我帮助，北京师范大学刘斌教授，北京邮电大学黄传武教授、李炜炜博士写作了部分初稿，北京邮电大学研究生卫玎、高金梦、黄朝阳等付出了艰辛劳动，在此一并感谢。

《智能包装广告》是一次摸着石头过河的理论创新和实践探索，在广泛调研并听取专家意见建议基础上几易其稿修改斟酌，仍然有很多地方值得进一步推敲完善，恳请各路方家多多指教。

2020年9月26日

责任编辑：陈晶晶
装帧设计：林芝玉

图书在版编目（CIP）数据

智能包装广告 / 曾静平等 著．— 北京：人民出版社，2022.9
ISBN 978 – 7 – 01 – 024612 – 3

I. ①智…　II. ①曾…　III. ①智能技术 – 应用 – 产品包装②广告设计
IV. ① TB489 ② F713.81

中国版本图书馆 CIP 数据核字（2022）第 040472 号

智能包装广告

ZHINENG BAOZHUANG GUANGGAO

曾静平　张邦卫　陈维龙　王丽萍　著

人民出版社 出版发行
（100706　北京市东城区隆福寺街 99 号）

环球东方（北京）印务有限公司印刷　新华书店经销

2022 年 9 月第 1 版　2022 年 9 月北京第 1 次印刷
开本：710 毫米 ×1000 毫米 1/16　印张：18.5
字数：200 千字

ISBN 978 – 7 – 01 – 024612 – 3　定价：78.00 元

邮购地址 100706　北京市东城区隆福寺街 99 号
人民东方图书销售中心　电话（010）65250042　65289539